어서 와,
혼자
여행은
처음이지?

어서 와,
혼자
여행은
처음이지?

초판1쇄 2021년 9월 9일 **초판2쇄** 2022년 5월 31일 **지은이** 김남금 **펴낸이** 한효정 **편집교정** 김정민 **기획** 박화목, 강문희 **일러스트** Freepik **디자인** purple **마케팅** 김수하 **펴낸곳** 도서출판 푸른향기 **출판등록** 2004년 9월 16일 제 320-2004-54호 **주소** 서울 영등포구 선유로 43가길 24 104-1002 (07210) **이메일** prunbook@naver.com **전화번호** 02-2671-5663 **팩스** 02-2671-5662 **홈페이지** prunbook.com | facebook.com/prunbook | instagram.com/prunbook

ISBN 978-89-6782-149-4 03980
ⓒ 김남금, 2021, Printed in Korea

값 15,000원

이 도서의 국립중앙도서관 출판예정도서목록(CIP)은 서지정보유통지원시스템 홈페이지(http://seoji.nl.go.kr)와 국가자료공동목록시스템(http://www.nl.go.kr/kolisnet)에서 이용하실 수 있습니다.

여행 좀 해본 언니가 알려주는 슬기로운 여행준비

어서 와,
혼자
여행은
처음이지?

김남금 지음

푸른향기
Pulunhyanggi Publishing Co.

혼자 여행,
조용한 혁명

여행, 하면 우리는 설렘, 휴식, 힐링을 연상한다. 일상에서 벗어나 누리는 휴식과 힐링은 달콤하지만 대부분 소비에 머물고 만다. 여행이 소비적 여가를 넘어서 개인의 삶에 내적 진동을 일으킬 수 있을까? 눈에 안 보이지만 미세하게 일어나는 내적 진동이 있는 여행은 익숙한 시선의 방향을 바꿀 수 있다. 나는 이 여행을 '조용한 혁명'이라고 부르고 싶다. 시선을 어디에 두는가에 따라 사는 방식이 달라진다. 이 시선을 바꾸는 여행이 가능할까? 자유여행, 특히 혼자 떠나는 여행이 이 변화를 일으킬 수 있다고 믿는다. 혼자 준비하고 떠나는 여행은 설렘만으로 가득하진 않다. 낯섦과 불안이 혼재하고 고생스럽다. 하지만 설렘과 불안이 함께 하는 여행은 잠재된 내면의 힘을 깨우고, 그 힘을 쓸 수 있는 근육을 길러준다.

나의 조용한 혁명은 스물두 살에 다녀온 45일간의 유럽 배낭여행이었다. 모든 게 재미있으면서 심드렁한 청춘이었다. 시간은 써도 써도 남았다. 규율이 가득했던 고등학교와 달리 자율이 넘치는 대학은 망망대해 같았다. 친구와 유럽 배낭여행을 가기로 의기투합했지만, 무엇을 준비해야 할지 몰랐다. 인터넷이 없던 시절이라 여행 정보는 지극히 제한적이고 획일적이었다. 1세대 배낭여행자들에게 여행 바이블은 일본에서 발행된 가이드북을 한국어로 그대로 번역한 책이었다. 업데이트가 안 된 번역 안내서를 들고 여행길에 올랐다. 책 속 정보가 현지 정보와 달라서 이보다 더 헤맬 수는 없는 여행이었다. 무엇을 볼지 고민하기보다는 적은 경비로 살아남는 방법에 방점을 찍은 여행이었다. 식비를 아끼기 위해 배낭에 쌀, 참치 캔, 라면, 볶은 고추장, 김 등 부식을 잔뜩 넣고 출발했다.

45일 동안 여행에서 일어날 수 있는 모든 해프닝은 다 일어났다. 여권, 항공권, 유레일패스, 카메라, 여행경비로 가져간 현금을 모두 잃어버리기도 했다. 주말에 마트와 동네 식당이 문을 닫는 소도시에서 먹을 걸 사 놓지 않아서 쫄쫄 굶은 적도 있다. 그때까지 마트와 식당이 주말에 문을 닫는 것을 본 적이 없었기에 그것은 문화 충격이었다. 숙박비를 절약하기 위해 기차역에 침낭을 펼치고 노숙도 했다. 버스비가 아까워서 걷고 또 걸었다. 무거운 배낭은 여행 내내 시시포스의 바위였지만, 자고 일어나면 어깨 근육도 배낭 무게에 적응했다. 매일 낯선 도시, 낯선 길을 걸었다. 아니 헤맸다.

여름 성수기라 찜해둔 유스호스텔에 침대가 없는 일이 빈번했다. 그때마다 난감했다. 안락한 집을 두고 말도 안 통하는 나라에서 사서 고생하는 이유를 나도 몰랐지만, 본능은 낯선 환경을 잘 받아들였다. 친구와 나는 빠르게 적응했다. 경비도 아끼고 숙소 쟁탈전에서 해방되는 해결책을 찾았다. 바로 밤기차를 타는 것이었다. 어둠이 내려오기 전에 현재 있는 도시에서 출발해서 밤새 가는 기차를 찾았다. 도시에 가기 위해 기차를 타는 것이 아니라, 기차를 타기 위해 도시에 갔다. 가난한 배낭여행자에게 기차는 단순한 이동 수단이 아니라 잠도 자고, 세수도 하고, 밥도 먹고, 쉬면서 에너지도 충전하는 만능 공간이었다. 날이 밝으면 덜컹거리는 좁은 화장실에서 고양이 세수를 하고, 기차가 정차하면 내렸다. 주로 작은 도시였다. 어떤 도시인지 중요하지 않았다. 어느 도시도 가 본 적 없는 새로운 도시였으니까. 낯선 도시에 내려 구시가 중심까지 걸으면서 무엇을 할지 정했다.

이렇게 즉흥적으로 살 수 있는 나날이 또 있을까? 매일 즉흥성 안에서 나름대로 질서를 만들었고, 하루를 계획하는 데 익숙해졌다. 마음을 끄는 도시에서는 길게 머물고, 흥미가 당기지 않는 도시에서는 짧게 머물렀다. 이처럼 충동적이고 몸으로 하는 여행이 될 거라고는, 출발 전에는 상상도 못 했다. 자고 일어나면 걷고 또 걸었다. 해가 지면 피곤했고, 피곤해서 어디서든 잘 잤고, 생각은 단순해졌다. 매일 실수하고 헤맸고, 몸으로 직접 부딪치며 낯선 문화를 가까이서 들여다보았다. 이 여행이 사치였다는 것을, 한참 후에야 알았다.

짧지 않은 여행을 마치고 집에 돌아온 후 내면에서 올라오는 진동을 느꼈다. 여행 전에는 몰랐던 진동이었다. 좌충우돌했던 여행에서 보이지 않는 자신감이 몸에 달라붙었다. 돌이켜 보면 첫 배낭여행에서 얻은 힘이 내 인생 전체를 지배하고 있다. 하고 싶은 대로 하고, 선택의 갈림길에 설 때마다 마음이 하는 소리에 귀를 기울일 수 있었다. 계획대로 일이 흘러가지 않으면 플랜B로 이동하는 융통성을 얻었다. 힘들 때 등 돌려 도망치지 않는 원천이 되었다.

이 책을 기획한 이유는 해외 자유여행을 할 때 무의미한 실수는 줄이고, 의미 있게 '헤매기'를 바라는 오지랖에서다. 2019년에 한 후배가 두 딸과 남편에게서 한 달간 독립을 선언하고 유럽으로 혼자 배낭여행을 떠났다. 후배가 여행 준비하는 과정을 들으며 내 첫 유럽 배낭여행이 떠올랐다. 무엇을 준비해야 할지 몰라 우왕좌왕했던 내 모습이 보였다. 후배는 모든 정보를 배워야 하는 텍스트로 받아들여서 매일 '열심히 공부한다'는 표현을 썼다. 정보를 정복할 대상으로 보아서인지 정복은 요원했고, 출발일이 다가오자 불안에 잠식당해 밤잠을 못 이룰 정도라고 했다.

그는 짐 꾸리기부터 사소한 것에 마음을 빼앗겼다. 대수롭지 않은 정보를 중요하게 받아들이고 중요한 정보를 흘려보냈다. 여행 중에 자신이 혼자 시간을 보내는 데 서툰 사람인 걸 깨달았고, 애증 관계에 있는 가족의 소중함을 새록새록 느꼈다. 자신에게는 휴양형 여행이 맞는 것을 알게 되었고, 이동이 많은 여정을 계획한 것에 대해 후회와 아쉬움을 토로했다. 이는 자신의 시선이 빠진 채 다른 사람이 여행했던 대로 따라간 탓이었다. 자신에게 맞지 않은 정보를 좇아 여행을 준비한 사실을 너무 늦게 발견했다. 여행을 준비할 때 자신이 어떤 사람인지 몰라서였다.

여행 정보를 선택해서 여행을 꾸리는 방식에는 여행자의 가치관과 취향이 반영되어 있다. 비슷비슷한 패키지여행 말고 다른 여행 방식을 꿈꾼 적이 있는가? 내가 가고 싶은 곳에서 나만의 방식으로 보고, 느끼고 싶은 생각을 한 적은 없는가? 처음이라 나만의 방식이 무엇인지 모르겠는가? 조직 구성원으로 무채색이 되어 살아가는 직딩, 출퇴근의 경계도 불분명한 가사노동과 돌봄노동의 무한 반복인 그대여, 여행 준비 열차인 책에 몸과 마음을 실어보자.

여행이 타인에게 인증하기 위한 과시적 소비를 넘어 표면적 즐거움만 추구하는 여가 활동 이상이길 바라는가? 정보 과잉 시대에 어떤 정보를 받아들여야할까? 정보가 너무 많아서 두렵지는 않은가? 나도 할 수 있을까? 물론 당신도 할 수 있다. 첫 자유여행은 계획이 어긋나는 것을 받아들이고 즐기는 여행이다.

이 책은 자신이 어떤 사람인지 모르는 사람을 위한 여행안내서이다. 혼자 떠나고 싶은데 배짱이 없어서 망설이는 이들을 위한 마음 준비서이다. 시작이 어렵지 혼자 한 번만 떠나보면 일상에서 벗어나는 해방감이 그리워 다음 여행을 준비하고 있을지도 모른다. 다음 여행에 친구나 가족이 따라가겠다고 하면 골칫거리로 생각할 수 있다. 아는 만큼 보인다고 했다. 이 책이 첫 자유여행의 방향을 잡는 데 길잡이가 되길 바라며, '조용한 혁명' 같은 여행을 준비하는 데 도움이 되길 바란다.

  인생을 결정하는 경험의 드라마는 사실 믿을 수 없을 만큼 조용할 때가 많다. 이런 경험은 폭음이나 불꽃이나 화산 폭발과는 아주 거리가 멀어서 경험하는 당시에는 느끼지 못하는 경우가 더 많다.

– 파스칼 메르시어 『리스본행 야간열차』

contents

Chapter 1

Warming Up
마음 활용법

혼자 여행은 이 미술관의 전시품처럼 모든 감각을 흔드는 '순수한 시간'을 보내는 것이다. 처음 혼자 여행하면 혼돈 속에 던져져 마주치는 모든 것에 예민해진다. 영혼을 잠식하는 초조와 불안을 말하는 것이 아니다. 혼자라서 모든 감각이 외부로 열리고 깊은 잠에 빠졌던 의식이 슬금슬금 깨어난다. 본능에 따라 보고, 듣고, 체험하는데 무게를 두면서 퇴화했던 예민함을 되찾는다.

혼자 여행하면
무슨 재미예요?

"혼자 여행하면 무슨 재미예요? 안 무서워요?"

혼자 여행 다녀왔다고 하면 종종 받는 질문이다. 하나도 안 무섭고 안 심심하다고 말하면 거짓말일 것이다. 종종 무섭고 심심하다. 혼자 여행하면 불편한 점도 많다. 밤거리를 돌아다닐 때는 몇 배는 조심해야 하고, 기차를 기다리면서 캐리어를 봐줄 사람이 없어서 끌고 화장실에 가야 한다. 음식도 이것저것 궁금한데 1인분만 시켜야 한다. 표를 사고, 음식을 주문하고, 길을 묻는 기능어만 하루 종일 사용할 때도 있다. 이런 날 저녁이면 가슴에서 찰랑거리는 감정어를 방출하고 싶을 때도 있다. 그럼 왜 혼자 여행하나? 혼자 여행하면 대체 무슨 재미가 있길래.

일본 가가와현에 나오시마 섬이 있다. 다카마쓰항에서 페리를 타고 한 시간쯤 가면 닿는다. 이 작은 섬은 1989년 재생 프로젝트 전까지 버려진 섬이었다. 건축가 안도 다다오와 이 프로젝트를 후원한 사람의 발상 전환 덕분에 폐섬 전체가 갤러리로 바뀌었다. 낡은 집들도 갤러리로 다시 태어 났다. 여러 미술관 중에 안도 다다오가 설계하고 빛의 예술가 제임스 터렐이 함께 만든 미술관, 미나미데라가 있다. 벽이 높고 창 하나 없는 검은색 목조 건물이다. 미술관 가이드의 안내에 따라 건물 크기에 비해 좁은 입구를 지나 안으로 들어서자마자 바깥과 단절된 짙은 어둠에 갇혔다. 두 눈을 크게 떴지만, 보이는 것이라곤 깊이를 가늠할 수 없는 어둠뿐이었다. 와락 겁이 났다. 앞에 뭐가 있는지 전혀 몰랐고, 어둠 속에서 얼마나 걸어가야 하는지도 몰랐다. 가이드는 계속 일본어로 말했다. 한마디도 알아들을 수 없으니 청각도 어둠에 갇힌 것 같았다.

넘어지지 않으려고 본능적으로 몸을 나무 벽에 바짝 붙이고, 두 손으로 벽을 더듬으며 찬찬히 앞으로 나아갔다. 가이드의 말소리보다 사람들이 몸을 움직이는 소리가 선명하게 들리기 시작했다. 분명히 두 발로 걷고 있었지만, 기어가는 기분이었다. 어둠 속에서 얼마나 걸어야 할지 몰라 답답하고 두려웠다. 계속 벽을 더듬으며 한 발 한 발 조심스럽게 옮겼다. 앞사람이 내는 소리를 놓치지 않으려고 귀를 쫑긋했다. 어둠에 조금 익숙해지자 무언가가 어렴풋이 보이기 시작했다. 어느새 벽을 다 지나고 한가운데 있는 뻥 뚫린 공간에 서 있었다. 제임스 터렐의 작품인 직사각형의 푸르스름한 빛이 희미하게 보였다. 주변을 둘러보았다. 여전히 어두웠지만 넓은 공간에 있는 걸 알 수 있었다. 그곳에서 잠시 자유롭게 걸은 후 미술관 벽을 더듬어서 다시 밖으로 나왔다. 잊고 있던 뜨거운 햇살이 내리쬐고 있었다. 눈이 부셨다.

이 미술관에서 전시하는 작품이 무엇인지 짐작했는가? 바로 순수한 어둠 속에 관람자를 가두는(?) 시간이었다. 30분도 채 안 되는 '어둠 속에 있는 시간'이 관람자들의 잠들어 있는 감각을 휘저었다. 희미한 빛을 찾아내는 일은 관람자의 몫이었다.

혼자 여행은 이 미술관의 전시품처럼 모든 감각을 흔드는 '순수한 시간'을 보내는 것이다. 처음 혼자 여행하면 혼돈 속에 던져져 마주치는 모든 것에 예민해진다. 영혼을 잠식하는 초조와 불안을 말하는 것이 아니다. 혼자라서 모든 감각이 외부로 열리고 깊은 잠에 빠졌던 의식이 슬금슬금 깨어난다. 본능에 따라 보고, 듣고, 체험하는 데 무게를 두면서 퇴화했던 예민함을 되찾는다.

어떤 대상을 보고 느끼기 위해서 감각도 훈련되어야 한다. 어린아이들을 떠올려 보자. 어린아이들에게 오감이 발달하도록 악기도 가르치고, 그림도 그리게 하고, 동물원에도 데리고 간다. 아이들은 경험치가 적어서 보는 것마다 감탄하고, 질문하고, 반응한다. 우리 어른들도 아이들처럼 지속적인 오감 훈련이 필요하다. 하지만 이 사실을 무시한다. 오감 계발이 차단된 어른은 번잡한 일상에 매몰되어 어떤 것을 보아도 시큰둥해져 커다란 자극만을 추구하게 된다. 미디어 광고가 과장해서 선전하는 것을 갈망하고 선망하도록 길들여진다. 시간이 생겨도 무엇을 할지 몰라 불안하다. 어른이 추구하는 즐거움은 자신이 진짜 원하는 것이 아닐 때가 많다. 하지만 그 사실조차 깨닫지 못한다.

자유여행은, 특히 나 홀로 여행은 처음에는 대혼돈이다. 목적지까지 헤맬 수 있고, 뭐 하나 제대로 못 하는 자신에게 실망할 것이다. 자신의 한심함과 마주하는 시간은 자신과 대화하는 시간이다. 자신과 대화라니?

우리는 항상 다니던 길로만 다니고, 익숙한 감각만 사용하고, 늘 보던 것만 보기 때문에 생각도 쳇바퀴를 돈다. 헤매는 시간을 통해 익숙한 감각과 사고 틀에서 벗어날 수 있다. 헤매면서 자신만의 시간 리듬을 알게 된다. 자신의 속도를 찾으면 '삽질'해도 눈치 안 보고, 마음 내키는 대로 일정을 변경할 수 있다. 가고 싶은 카페에 들어가서 맥주나 커피 한 잔 두고 멍하게 몇 시간을 앉아 있어도 시간 아깝다고 보챌 사람도 없다. 다른 사람 눈치 안 보고 하고 싶은 대로 해보고 싶은 적은 없었나? 아무것도 안 하고 빈둥거리고 싶은 적은 없었나? 자유여행은 '내 마음' 내키는 대로 할 수 있는 시간이다.

여행 후 가장 생각나는 것은 이국적 건축물이나 풍광이 아니라 오롯이 혼자 헤맸던 시간이다. 낯선 골목에서 뜻밖의 것에 혹하고, 쾌청한 하늘을 보고 기분이 날아오르고, 찾아가려던 식당에 헤매지 않고 한번에 갔을 때 쾌감을 느낀다. 기차를 기다리면서 아무것도 안 했던 시간, 지나가는 사람을 바라보는 나른한 여유를 그리워하게 된다. 날이 저물면 느른함이 몸을 뒤덮고, 정체를 알 수 없는 모호한 쓸쓸함과 지루함이 마음을 잡아당겨 무념무상의 상태가 된다. 미래를 생각하며 막연한 불안 속에서 걷는 대신 '지금 여기'에 집중할 수 있다. 눈앞에 마주한 사소한 일을 헤쳐나가며 감각이 되살아나는 것을 들여다보는 시간이, 혼자 여행의 매력이다. 끝을 알 수 없는 길을 걷다가 포기할 찰나에 목적지에 도착했을 때 맛보는 안도감, 여행지에서 스치는 나와 같은 처지의 여행자들과 쌓은 짧은 인연이 현재의 나를 이룬다. 여행을 통해 사물에, 사람에게, 집착하지 않고 일정한 거리를 둘 수 있는 법을 배울 수 있다.

　가족, 친구 또는 마음이 통하는 여행 짝꿍이 있어서 같이 여행하면 좋은 점이 있다. 보고 들은 것을 공유하고, 식당에서 음식을 이것저것 시켜서 맛볼 수 있다. 거리에 어둠이 내려도 동행이 있으면 든든하다. 하지만 전적으로 내 마음대로 하기 힘들다. 동행이 있으면 일정을 짤 때부터 사소한 의견 차이가 있어서 기 싸움(?)하기 마련이다. 동생과 이십 일 동안 독일 여행을 다녀온 적이 있는데, 중요한 것이 빠진 허전한 여행이었다. 동생이랑 함께 여행해서 좋은 점도 있었지만, 낯선 도시를 헤맬 때 만나는 감정을 오롯이 느끼지 못했다.

　미술관에 가면 지루해할 동생에게 마음이 쓰여 초조했다. 설렁설렁 둘러보고 나오곤 했다. 내가 미술관에 있는 동안 동생은 밖에서 시간을 보내도 신경이 쓰이는 건 마찬가지였다. 동행과 함께 하는 여행에서는 취향의 타협점을 찾아야 했다. 서로의 컨디션을 배려하고, 맞추느라 서로 날카로워질 대로 날카로워진 적은 없는가? 벼르고 별러서 떠난 여행이 맛집 탐방과 옆 사람과 수다 떨기가 된 경험은 없는가?

Exercise

다음 질문에 답해 보자.

▌혼자 시간을 보낸 적이 있는가?

▌있다면 언제, 얼마나 혼자 있었나?

▌왜 혼자 있었나?

▌그때 기분은 어땠는가?

여행이
발견하는 것들

　여행은 우리 일상에 깊숙이 들어와 있다. 열이면 열 다 여행을 좋아한 다고 말한다. 여행 싫어하는 사람을 만나기 어렵다. 이동 수단의 발달과 SNS에 떠도는 유혹적 이미지 덕분에 떠나고 싶은 욕구는 넘친다. 여행사 마다 개인 맞춤 상품을 개발해서 색다른 여행에 갈증을 느끼는 이들을 꼬 드기곤 한다. 여행 상품은 다양하게 진화하고 있는 것처럼 보이지만 조금 가까이서 들여다보면 비슷한 정보로 가득 차 있다. 여행지에도 유행이 있 어서 쏠림이 심하다. 이 쏠림은 경험조차 획일화해 버린다.

　경주 대릉원에 갔을 때였다. 능 사이를 산책하던 중 스무 명 남짓이 두 줄로 맞춰서 서 있는 것을 보았다. 대체 뭐가 있길래? 호기심이 발동해서 사람들 사이로 성큼 들어가서 앞을 보려고 목을 쑥 뺐다. 능과 능 가운데 목련나무 한 그루가 있었다. 요리조리 보아도 다른 곳보다 도드라진 점을 발견하지 못했다. 사람들은 차례가 되면 이 목련나무 앞에서 비슷비슷한 포즈로 사진 찍은 후 자신의 차례를 기다리는 사람들을 위해 조용히, 그러나 서둘러 퇴장했다.

왜 목련나무가 서 있는 곳에 사람들이 모일까? 대릉원에는 능이 만든 아름다운 둥근 곡선 사이에 목련나무 말고도 벚나무를 비롯한 다른 나무도 많다. 유독 이곳이 특별해진 이유는 무엇일까? 언제부터 사랑받기 시작했을까? 내년에도 사람들이 여기서 줄을 설까? SNS의 위력 탓이 아닐까? SNS는 풍경마저도 유행으로 만들어 버린다. 같은 곳에서 비슷한 자세로 사진 찍느라 고유한 풍경을 감상하는 시간을 빼앗긴다.

'풍경 유행'에 따르지 않고 특색 있는 나만의 여행을 해보고 싶지 않은가?

넓은 의미에서 보면 여행은 떠나는 것을 즐기는 욕구 하나로 수렴된다. 하지만 여행 좋아하는 사람들과 대화를 나누면 그 스펙트럼의 폭이 무척 넓고 다채로워서 놀라게 된다. 형제, 자매일지라도 얼굴 생김새와 성격이 다르듯이, 여행의 형태와 성격도 사람마다 다르다. 먹는 게 남는 거라는 신념을 실천하는 먹방 여행, 아기자기하고 소소한 기념품 사냥꾼, 박물관 마니아, 한 곳에서 빈둥거리기를 선호하는 슬로 트립 애호가, 호텔 밖은 위험해를 외치는 호캉스족, 아침부터 밤까지 돌아다니는 본전 뽑기 주의자, 미술관 순례자, 남는 건 사진뿐이라며 인생 사진에 강박을 가지고 유람하는 사람, 여행은 쇼핑이지 등등. 여행을 좋아하고 여행 구력이 있는 이들과 접점을 찾기란 쉽지 않다. 그만큼 여행을 주제로 끌어낼 수 있는 이야기가 풍부하다는 말이다. 여행 이야기를 나누면서 관심사나 코드가 맞는 사람을 만난다면 행운이 아닐까?

모습이 어떻든 여행은 경험의 영역이고 경험치가 쌓인다. 여행 횟수가 거듭될수록 흥분은 슬프게도 줄어든다. 패키지여행은 사육당하는 것 같다고 생각한 적이 있다. 가족과 일본 큐슈 지방으로 온천 패키지여행을 갔다. 밥을 주면 먹고, 버스 타라면 타고 내리라고 하면 잠깐 내려서 '내가 왔노라' 하고 인증했다. 일행 모두 한마음이 되어 질서를 지켰다. 유후인으로 가는 버스 안에서 가이드는 유후인 명물을 설명했다. 금상 고로케와 아이스크림을 권했고, 딸기 아이스크림이 제일 맛있다고 덧붙였다. 도착해서 우리 패키지 일행 모두, 손에 고로케와 딸기 아이스크림을 들고 유후인 거리를 걸었다. 우리는 '친절한' 가이드의 취향과 입맛에 따른 것이다. 바닐라 아이스크림, 초콜릿 아이스크림도 있는데 말이다.

패키지여행이 나쁘다고 말하는 것이 아니다. 패키지여행은 계획할 게 하나도 없어서 편하다. 삼시 세 끼 밥 먹고, 착실히 따라다니며 가끔 인증 사진에 골몰하면 된다. 하지만 나중에 보면 어디에 다녀왔는지 모른 채, 사진 속에서 웃고 있는 나를 발견한다. 삼시 세 끼 주는 대로 밥 먹은 기억만 남는다. 누군가의 수고로 안락한 여행도 나쁘지 않지만, 즉흥적 에피소드가 주는 박진감(?)이 빠져서 여행자의 허기를 채울 수 없다.

여행 후 포만감은 힘들고 불편하더라도 처음부터 혼자 준비해서 여행할 때 찾아온다고 믿는다. 이 포만감은 일종의 성취감이고, 취향을 발견하는 유레카 순간이다. 무엇을 하면 즐겁고, 즐겁기 위해 무엇을 할지 알게 된다. 기분 좋은 상태를 유지하려고 자신만의 취향을 갈고 닦아서 '나만의 여행관', '나만의 여행 세계'가 서서히 형성된다. 색다른 여행을 꿈꾸고, 여행사 패키지 일정이 외면한 도시에 가 보고 싶다는 생각을 품으면 그때부터 나만의 여행은 시작된다.

　어디로 갈까? 어디서 자고, 무엇을 먹고, 무엇을 보고, 무엇을 할까? 기차와 버스를 어떻게 예약해야 하는지, 도시에서 도시 간 이동 수단을 찾는 일은 무척 중요하다. 하지만 더 중요한 것이 있다. 왜 자유여행인지, 생각해 봐야 한다. 그렇지 않으면 여행 준비 과정은 버겁기만 하고, 꿈의 여행지에서 외롭고 두려워서 여행 자체가 부정적 경험으로 남기 쉽다.

　프라하는 사랑의 도시라는 환상을 품은 사람을 만난 적이 있다. 그는 프라하에서 기다리고 있을 운명적 만남을 상상했다. 드디어 그에게 꿈의 도시로 날아갈 기회가 왔다. 그는 로망이 곧 실현될 거라는 기대에 부풀었다. 프라하에 도착하자마자 그는 배낭여행자가 되어 밤에 한국인 민박집을 찾아 골목길을 두 시간 동안 헤맸다. 그가 만난 것은 두려움과 피로였다. 프라하에 머무는 동안 낯선 골목에서 길을 잃지 않으려고 고군분투했고, 길을 잃을까 두려워 어둠의 품에 안긴 중세 도시의 독특한 분위기를 즐기지 못했다. 꿈의 도시는 그의 기대를 철저하게 배반했고, 그저 그런 도시로 전락했다. 이는 프라하를 배경으로 하는 영화와 드라마가 심은 환상과 자신의 환상을 덧붙여 도시를 바라보았던 탓이다.

낯선 도시에 대한 환상은 여행의 필요조건이다. 환상과 동경은 망설일 때 등 떠밀어서 실제로 행동하게 이끄는 힘이다. 김영하 작가는 여행에 대한 사유 에세이 『여행의 이유』에서 이렇게 말한다.

기대와는 다른 현실에 실망하고, 대신 생각지도 않던 어떤 것을 얻고, 그로 인해 인생의 행로가 미묘하게 달라지고, 한참의 세월이 지나 오래전에 겪은 멀미의 기억과 파장을 떠올리고, 그러다 문득 자신이 어떤 사람인지 조금 더 알게 되는 것. 생각해 보면 나에게 여행은 언제나 그런 것이다.

환상 세계에서 현실로 돌아오는 것은 비극이 아니다. 현실에 두 발 딛고 살아가려면 환상도 어느 정도 필요하고 적절한 자기 미화도 필요하다. 환상과 현실을 넘나들면서 두 세계의 틈을 메우는 기술도 필요하다. 김영하 작가의 말대로 환상을 깨는 여행을 통해 '문득 자신이 어떤 사람인지 조금 더 알게 된다'면 성공한 여행이다.

드라마나 영화가 보여주는 낭만적 환상에만 빠져있다면, 어디에 가더라도 흥이 안 날 것이다. 인생이 180도 달라질 거라는 기대가 무너지면 여행지의 매력은 곤두박질치고 말테니까. 여행지의 매력은 영화나 드라마 이야기 바깥에 있다. 여행을 추진하는 힘은 환상이지만 여행의 가치는 환상 밖에 있다. 자신이 무엇을 좋아하고, 무엇을 원하는지 모른다면 혼자 떠나는 여행은 이를 발견할 더없이 좋은 수단이다. 실제 자신과 다른 모습을 상상하며 꿈속에서 살고 있다면, 현실이 마음에 안 든다면, 닥치고 혼자 떠나보길 추천한다. 여행은 '나도 모르는 나'를 만나는 시간을 선사할 것이다. 외면했던 내 좌표를 선명하게 보고 인정하게 될 것이다.

혼자 있는 걸 두려워하는지, 불편을 감수하면서도 다른 사람과 어울리는 걸 좋아하는지, 생각해 보자. 자신에 대해 잘 모른 채 주변 사람들이 제시한 기준에 익숙해져 있지는 않은가? 타인의 시선에 맞춰 살고 생각하지만, 그렇다는 사실조차 인식하지 못하고 있진 않나? 다른 사람들은 다 가봤는데 나만 안 가봐서 대화에 낄 수 없는 게 여행의 이유라면 패키지 여행을 가는 게 낫다. 혼자 여행에서 필요한 수고가 고통스러울 것이기 때문이다. 로맨틱 코미디 영화나 드라마처럼 그곳에 가면 여주인공에게 일어난 일이 나에게도 일어날 것 같은 환상 때문이라면, 지나친 환상을 경계해야 한다. 적절한 환상은 떠나게 하는 힘이지만, 환상 속에만 머문다면 실망과 좌절이 기다리고 있을 것이다.

자신에게 질문해 보자.

▌ 시간 날 때 무엇을 하면 기분이 좋은가? 드라마 몰아보기, 청소하기,
침대와 물아일체 되기 등 뭐든 상관없다.

▌ 위와 같은 행동을 할 때 왜 기분 좋은가?

▌ 시간 날 때 무엇을 하면 기분이 급다운 되는가? 청소하기, 침대와 물아
일체 되기 등등.

▌ 위와 같은 행동을 할 때 왜 기분이 별로인가?

여행지에서 다음과 같은 행동을 해보자.

1. 낯선 사람에게 먼저 인사하기

----

2. 안 먹던 음식 먹어보기

----

3. 길을 잃으면 지나가는 사람에게 물어보기

----

4. 상점에 들어가면서 우물쭈물하지 않고 먼저 인사 건네기

----

5. 식당에서 밥 먹고 나올 때 엄지척 올리기

----

6. 평소에는 꺼리는 사소한 행동을 적어보자.

나는 혼자 여행을
즐길 수 있는 사람인가?

　'여행을 예약하는 동기는 다른 사람으로 변신할 수 있을 거란 희망이다.' 작가 알랭 드 보통이 『우리는 사랑일까』란 에세이 같은 소설에서 한 말이다. '저기'를 꿈꾸는 이유는 저기에서라면 재미있고 무언가 극적인 일이 일어날 것이라는 기대 때문이다. 기대감으로 여행을 준비하고 계획한다. 돌아오면 다른 삶이 기다리고 있으면 좋겠지만, 그런 일은 없다. 오히려 여행 전과 여행 후에 보이지 않았던 균열이 점점 또렷하게 보인다.

　떠나는 비행기와 돌아오는 비행기에서 느끼는 감정은 완전히 다르다. 출입국신고서의 직업란에 가끔 나는 '싱어송라이터'라고 쓰곤 한다. 이번 생에서는 불가능할 것 같으니 꿈이라도 꾼다. '싱어송라이터'라고 또박또박 글자를 쓰는 순간, 손을 타고 찌릿한 무언가가 머리까지 올라온다. 출입국 직원을 속일 수는 있지만, 나를 속일 수는 없다. 실체 없는 희망을 품고 떠났다가 돌아오는 비행기에서 한숨 쉬곤 한다. 변한 게 하나도 없는 세계로 돌아올 때 두 가지 감정이 따라온다. 비행기 바퀴가 인천공항 활주로에 닿을 때, 항상 마음속으로 하는 말이 있다. '무탈하게 여행을 마칠 수 있어서 감사합니다.' 누구에게 하는 말인지는 모르겠지만 아무튼 이렇게 말한다. 다시 안락한 일상으로 돌아와서 다음 여행을 꿈꿀 수 있다. 기쁨은 잠시. 제자리에 돌아오면 기대와 달리 아무것도 변한 게 없어서 무기력증에 시달린다. 콧바람을 잠시 넣었지만 다시 제자리이다. 반복되는 현실이 버티고 있다. 여행하는 동안 내가 다른 사람이 될 거라는 막연한 기대는 그저 기대에 머문다.

여행 후유증에 시달리며 왜 여행을 계속하나? 꽁꽁 숨어 있어서 일부러 찾아내지 않으면 몰랐을 내적 욕구를 인정하기 위해서가 아닐까? 여행으로 바라는 바를 완전히 충족할 수는 없다. 하지만 원하는 것을 끄집어내서 충족할 수 있는 것과 충족할 수 없는 것의 경계를 구별할 수만 있어도, 떠나볼 만하다. 일상의 속도를 제어하고 잠시 쉼표를 찍을 수 있는 시간을 통해 깊숙이 숨은 마음을 들여다보는 여행이 시작된다. 욕구가 충족되지 않아서 좌절하는 게 아니다. 지나친 욕구와 타협하는 법을 터득하고, 현실을 있는 그대로 받아들이며 즐거움을 찾는 법을 배운다. 소소한 즐거움은 취향을 발견하는 시간을 통해 가능하다. 내 안에서 울리는 미세한 감정 변화를 감지할 수 있다면, 이 자체가 큰 변화다.

나는 어떤 사람인가? 쉽게 답할 수 없는 추상적인 질문이다. 자기소개할 기회가 있을 때, 무엇이라고 말하는지 기억하는가? 직업, 나이, 사는 곳 등 구체적인 언어로 말한다. 무엇을 좋아하는지, 요즘 어떤 생각을 하는지 등이 자기소개가 될 수는 없을까? 가족 내에서 자식, 부모, 형제, 자매 등의 이름으로, 직장 내 관계망, 사적으로는 친구들과의 관계망에서 맡은 역할을 제거한 '온전한 나'는 어떤 사람인가? 시간에 쫓기고 의무감과 책임감으로 하루하루 바쁘게 사느라 나라는 존재는 파편으로 보인다. 바쁘다는 말이 입버릇이 되어 무감한 채 살고 있진 않은가? 자신도 모르는 취향을 끌어내리려면 먼저 자신을 관찰해야 한다. 다음 항목 중 해당되는 곳에 체크해보자.

1. 혼자 있어도 안 심심하고 잘 논다.

2. 낯선 골목 탐험을 좋아한다.

3. 아침에 느지막이 일어나서 특별한 목적 없이도 주변을 어슬렁거리는 게 체질이다.

4. 낯선 음식에 대한 거부감이 없다.

5. 샤워를 하루나 이틀쯤 못 해도 참을 수 있다.

6. 기차나 버스가 연착되어도 '그럴 수도 있지' 말하며 짜증 내지 않을 수 있다.

7. 혼자 식당에 가서 밥 먹을 수 있다.

8. 혼자서 시간 보내는 법을 궁리한다. (셀피를 찍어도 좋고, 쇼핑해도 좋고, 풍경 사진을 찍어도 좋다, 지나가는 사람들을 관찰해도 좋고, 낯선 거리를 걸으면서 음악을 들어도 좋다.)

9. 특별히 애정하는 물건, 음식, 풍경이 있다.

10. 길을 헤매다 원래 가려던 목적지가 아닌 전혀 다른 곳에 도착해도 예상치 못한 볼거리를 찾고, 뜻밖의 즐거움을 발견한다.

위 항목 중 해당 사항이 다섯 개 이상이면 혼자 여행을 즐길 수 있다. 다섯 개 이하면 혼자 여행을 즐기기 위해서 준비 운동이 필요하다. 항공권을 예약하기 전에 혼자 식당에 가서 밥을 먹어보자. 또 혼자 카페에 가서 두 시간쯤 보내보자. 혼자 시간을 보내는 것이 힘들다면 이유를 생각해 보자. 단순히 익숙하지 않아서인가, 아니면 겁만 나고 익숙해지지 않을까? 혼자 시간을 보내는 게 왜 힘든가, 왜 지루한가? 즐겁지 않은 시간을 견딜 가치가 있을까? 자신에게 질문을 던져 보자. 질문 자체만으로도 답을 찾을 수 있을지 모른다. 두려움이 커서 혼자 무슨 재미로 여행을 해, 라고 생각할 수 있다. 이 답을 얻은 것만으로 자신을 조금 더 안 것이다. 모든 사람이 혼자 여행을 즐기는 것은 아니다. 싫은데 꼭 할 필요는 없다. 자신에게 맞는 여행 방식을 찾으면 된다.

혼자 시간을 보낸 적이 없다면 잘 아는 '동네 여행'을 떠나길 추천한다. 지하철 타러 갈 때 우리는 늘 똑같은 길로 간다. 지하철을 타겠다는 확실한 목적이 있어서 다른 길로 잘 안 간다. 수없이 지나다니는 길이라 잘 안다고 착각한다. 과연 그럴까?

지하철을 타겠다는 하나의 목표 때문에 실제로 주변 풍경을 보지 않는다. 목표를 향해 질주하느라 계절에 따라 풍경이 바뀌어도 바라볼 가치가 없는 배경으로 받아들인다. 집 앞에 벚나무를 두고도 벚꽃 명소를 찾아가곤 한다. 평소에 익숙한 길을 목적 없이 천천히 걸으면 못 보고 지나쳤던 가게, 나무, 집 들이 눈에 들어온다. 이 가게가 원래 있었나? 저 식당은 처음 보는데 언제 생겼지? 나무가 많은데? 나무가 언제 이렇게 자랐지? 항상 보던 풍경인데 생경하다.

평소에 TV나 SNS에서 보기만 했던 힙 플레이스가 있을 것이다. 가보고 싶었지만 바빠서, 같이 갈 사람이 없어서 등의 이유로 입맛만 다셨던 곳을 혼자 가보자. 여행은 낯선 동네에 가서 밥 먹고, 걷고, 감성을 깨우는 활동이다. 식당에서 혼자 밥 먹어본 적이 없는 사람도 의외로 많다. 한 친구는 혼자 밥을 먹어야 하는 상황이 생기면 테이크아웃해서 차 안에서 먹는다. 혼자 밥 먹기를 꺼리는 사람은 혼자 보내는 시간이 반갑지 않다. 이들에게 혼자 여행은 파키스탄에 폭우가 내린다는 뉴스처럼 아득하게 들린다.

혼자 여행하려면 혼밥과 때로는 혼술에 익숙해져야 한다. 식당에 당당하게 걸어 들어갈 수 있어야 한다. 한 번만 해보면 두 번째부터는 이보다 더 쉬운 일은 없다. 혼자 왔다고 아무도 당신을 쳐다보지도 않고, 이상하게 여기지도 않는다. 혼자 밥 먹는 것을 이상하게 생각하는 사람은 바로 당신 자신이다. 안 먹고 살 수 없다. 혼자 밥 먹는 능력(?)은 생존에 필요한 필수 여행 기술이다. 이런 일상적 일을 자연스럽게 할 수 있어야 비로소 혼자 보내는 시간을 즐길 여유가 생긴다.

자신에게 질문을 던지고 이유를 묻자. 질문을 통해 자신을 이루는 요소를 탐색할 수 있다. 미국 작가이자 비평가인 리베카 솔닛은 『멀고도 가까운』이란 에세이에서 '자아는 만들어지는 것이고, 개인의 삶이 만들어내는 작품'이라고 말한다. 따라서 우리 모두 자아를 만드는 예술가라고 한다. 리베카 솔닛의 말에 따르면 '나'라는 존재는 바로 내가 만든 예술 작품이다. 나는 어떤 작품인지 궁금하지 않은가?

Exercise

혼자 시간을 보내 본 적이 없다면 다음 난이도에 따라 실행해 보면 좋다.

▌ 난이도 하　　　　혼자 산책한다.

▌ 난이도 중　　　　혼자 영화관에 간다.

▌ 난이도 상　　　　혼자 카페에 간다.

▌ 난이도 상상　　　혼자 식당에 간다.

▌ 난이도 특상　　　혼술 가능한 바에 간다.

여행은
사치라는 오해

　여행 가려면 가장 필요한 게 무엇일까? 먼저 경제적 여유와 시간적 여유를 떠올릴 것이다. 바빠서, 돈이 없어서, 떠나기를 주저한 적 있는가? 여유가 생기면, 이 일만 끝나면, 아이들이 크면 등의 이유로 여행을 유예한 적이 있는가? 지금 처지에 여행은 사치라고 생각한 적 있는가? 다 맞는 말이다. 시간적, 경제적 여유가 있어야 여행할 수 있다. 하지만 무엇보다 마음의 여유가 있어야 한다. 먹고 살기 바쁜데(현대인은 다 바쁘다), 그 돈이면 신상 냉장고로 바꿀 수 있는데(구식 냉장고도 잘 작동하면 더 써도 된다), 아이들 다 키워놓으면 떠나야지(애들 다 크면 체력도 방전된다) 등등.

　여유는 있는 사람에게는 항상 있고, 없는 사람에게는 절대 찾아오지 않는다. 여유란 넉넉해서 남는 상태인데, '넉넉함'은 객관적 숫자가 아니라 심리적 상태이기 때문이다. 어떤 사람은 마음이 넉넉한데, 어떤 사람은 왜 그렇지 못할까? 여행의 필요충분조건은 넉넉함을 일부러 만들려는 절실한 마음이다. 일상과 거리를 두려는 의지는 시간을 내고 비용을 마련하게 만든다. 나에게는 타고난 백수 기질이 있다. 일이 바쁘면 도망치고 싶은 마음이 간절하다. 대체 무슨 부귀영화를 보려고 일만 하면서 사나, 하는 회의가 밀려온다. 타고난 백수 기질이 발현될 때마다 즐거운 마음으로 받아들인다. 사람마다 견딜 수 없는 순간이 있기 마련이고, 이 순간을 헤쳐 가는 방법도 저마다 다르다. 내 경우에는 고맙게도 여행이 하나의 해결책이다.

계속 달리면 가속이 붙어서 멈추고 싶어도 멈추는 방법을 잊어버린다. 비나 눈이 올 때 감속을 해야 하는 이유를 기억하는가? 최고 속도로 달리는 차는 제동거리가 길어서 급브레이크를 밟으면 차가 미끄러진다. 달리던 차는 적절한 지점에 서지 못하고 사고로 이어지기 쉽다. 여행은 쉼표이자 갑자기 멈춰도 미끄러지지 않기 위한 감속장치이다. 여행이 모두의 쉼표는 아니겠지만, 적어도 이 책을 읽고 있는 당신에게는 쉼표일 것이다.

학생에게는 일 년에 방학이 두 번 있다. 방학은 공부의 과부하를 진정시키는 시간이고, 교우관계를 정돈하는 시간이다. 학기 중에 매일 만났던 같은 반 친구들 모두와 친하진 않다. 친한 친구도 있고 매일 얼굴만 보는 사이도 있다. 방학 동안 친한 친구를 못 만나면 그립다. 꼴 보기 싫은 친구는 방학 동안 안 만나서 좋다. 겨울방학이 끝나고 새 학기가 되면 껄끄러운 친구와 다른 반이 되어 안도하고, 친한 친구와 헤어져 아쉽다. 학교에서 방학은 공부를 위한 휴지기가 아니라 사실은 교우관계 휴지기였다.

어른이 되면 학생 때 공부가 가장 중요하다고 말한다. 가슴에 손을 얹고 생각해 보자. 학창 시절에 정말 공부가 가장 중요했나? 기억을 더듬어 보면, 학교 다닐 때 힘들었던 이유는 공부가 아니라 친구 관계일 때가 더 많았다. 학교 졸업 후에 남는 건 지식이 아니라 친구이다. 학교생활은 학생의 사회생활이다. 사회생활에서 힘든 건 일이 아니다. 학생에게 공부, 직장생활에서 일, 가정생활에서 가사와 양육은 공식적 일이다. 사회생활에서 답답한 건 사람과의 관계를 조절하는 것이다. 학창 시절에는 방학이 있어서 인간관계도 거리 두기를 했다. 직장에서는 세계관이 다른 상사, 동료, 선후배와 거리 두기가 불가능하다. 혼자 일하지 않는 한(사실 완전히 혼

자 하는 일은 없다) 일에는 인간관계도 포함되는 탓이다. 가정에서는 생활 공간조차 한정되고, 함께 있는 시간도 많아 거리 두기는 더욱 불가능하다.

어른이 되면 관계를 돌아보고 정돈할 시간이 학생 때보다 더 필요하다. 하지만 우리 어른에게는 방학이 없다. 과거와 근무환경이 많이 달라졌지만, 아직 대부분 직장인에게 휴가는 일주일 남짓이다. 매년 이 휴가를 빼

면 은퇴할 때까지 대부분 출퇴근의 무한 반복이다. 가정을 이루면 출퇴근 반복에 가사노동, 돌봄노동이 더해진다. 주변 사람들과 거리 두기를 할 물리적, 심리적 시간이 없다. 사무실에는 이해할 수 없는, 그래서 가까이 하기에 너무 먼 사람들이 넘친다. 사람이 싫으면 일은 몇 배로 힘들다. 언젠가 떠나겠다는 욕구가 팽창해서 폭발 직전에 있으면서도 자신에게 넉넉함을 허락하길 망설인다. 폭발하지 않으려고 팽팽한 긴장 상태가 이어진다. 일은 매뉴얼이 있어서 기계적으로 할 수 있지만, 마음 매뉴얼은 없다. 뾰족한 마음이 주변 사람에게 들키고 문제가 되어 지친 적은 없는가?

외국에는 갭이어(gap year)가 있다. 갭이어는 고등학교 졸업 후, 대학 진학 전이나 사회로 나가기 직전이다. 이 시기에 세상을 경험하러 주로 다른 나라로 여행을 간다. 어른으로 살기 전 마지막 방학 같은 것이다. 이 시간이 낭비일까? 우리는 이미 정해진 생애주기, 졸업, 취직, 승진, 결혼, 출산, 육아로 달려간다. 취직해도 갑작스러운 실직에 대비해서 자기계발을 하는 'N잡러'가 되라는 말이 여기저기서 들린다. 잠시 멈추면 뒤처질까 봐 불안하다. 뒤처진다는 게 무엇일까?

다른 사람의 기준에 따라 인생의 속도를 결정하면 숨이 찰 수밖에 없다. 경제적, 시간적 여유는 일부러 만들지 않는 한 영원히 없다. '퇴사하고 여행 가기', 퇴사하거나 아이들 방학에 '한 달 살기'를 하는 이유이다. 백수라면 시간이 많아도 경제적 여유가 없다. 경제적 여유가 있으면 시간적 여유가 없다. 이런 논리로 인생이 전개된다. 여유는 뫼비우스 띠처럼 잡힐 것 같으면서도 안 잡혀서 여행은 사치가 된다.

더는 감당할 수 없는 임계점에 이르기 전에 눈 질끈 감고 환불 불가능한 항공권을 질러볼 것을 권한다. 환불 불가능한 항공권은 주로 할인 항공권이다. 할인 항공권은 취소하면 환불받지 못해서 고스란히 날리게 된다. 예약했다 취소 버튼을 누른 것 외에는 아무것도 안 했는데 몇십만 원이 그냥 없어진다면 아깝다. '본전' 생각에 예약한 항공권에 맞춰 시간 낼 궁리를 하게 된다. 상황이 발목을 붙잡을 때 내가 주로 쓰는 방법이다. 본전 카드는 지금까지 꽤 유용했다.

환불이 불가능하거나 취소 수수료가 왕창 붙는 항공권을 지르는 일은 생각보다 간단하다. 배달앱에서 메뉴를 선택하고 결제한 후 음식이 오기를 기다리는 것과 다르지 않다. 먼저 출발하고 싶은 날짜와 가격이 적절한 항공권을 열심히 찾는다. 항공권 발권을 위한 개인 정보를 입력하고 결제창이 뜨면 숨을 깊이 들이마신다. 3초만 두 눈을 질끈 감았다 뜨고 결제창에 있는 결제 완료를 누르면 된다. 시간도 별로 안 걸린다. 항공권 발권 후에도 세상은 잘만 돌아간다.

결제 완료 버튼을 누른 후 즐겁기만 한 건 아니다. '내가 지금 제정신인가?' 마음이 요동치곤 한다. 하지만 이미 저지른 결정을 곱씹는 건 정신건강에 나쁘다고 최면을 건다. 이때 필요한 건 떠날 이유를 합리화하는 기술이다. 비행기에 탈 날을 기다리면서 탈탈 털린 멘탈을 일으켜 세운다. 바닥에 누워있던 심신에 연료를 공급한다. 무한 반복해야 하는 일이 항공권 하나로 '유한한' 반복으로 바뀐다. 떠나기 전날까지만 버티면 된다. 고통도 유통기한이 있으면 그럭저럭 견딜만하다. 우리는 이 상태를 희망이라고 부른다. 자신에게 희망을 주고 관대함을 베푸는 것이 사치일까?

일 년에 한 번은 '발광' 프로젝트를 위하여

'지랄 총량의 법칙'이란 말이 있다. 사람마다 지랄 시기는 다르지만, 지랄 시간의 총합은 일정하다는 뜻이다. 십 대 때 발광기를 보내지 않았으면 언젠가 그 양을 채운다. '믿거나 말거나 피셜'이지만, 나는 이 말을 믿는다.

고요한 십 대를 보내서인지 내 지랄 발광은 졸업 후에 이어졌다. 서른 살에 멀쩡하게 다니던 직장을 그만두었다. '젊은 날엔 젊음을 모르고 사랑할 땐 사랑이 보이지 않았네'라는 가수 이상은의 「언젠가는」의 노랫말처럼, 겨우 서른 해를 살고는 살 만큼 살았다고 착각했다. 그쯤 살았으니 다른 자리에 있고 싶었다. 걱정하실 부모님께는 내 꿍꿍이를 알리지 않고, 3개월 휴가라고 둘러댔다. N년 살이를 꿈꾸며 편도 항공권과 저축한 돈을 모두 찾아 환전해서 들고 파리 행 비행기에 올랐다. 첫 4개월은 프랑스 중서부에 있는 아름다운 고성 도시, 투르에서 보낼 예정이었다.

퇴사도 했겠다, 시간 부자겠다, 싱가포르의 창이공항 구경도 할 겸 경유 비행기를 탔다. 창이공항은 경유 여행자를 위해 무료 시내 투어버스를 운영했는데, 아주 매력적으로 보였다. 하지만 이 선택은 대재앙이었다. 3시간짜리 버스투어를 하고 4시간 동안 창이공항에서 보낸 후 파리 행 비행기에 올랐을 때, 내 침대가 미치도록 그리웠다. 게다가 파리공항에 도착하자마자 투르로 가는 기차를 타야 해서 1박 2일, 즉 만 24시간 동안 꼬박 앉아 있어야 했다. 잠을 거의 못 자서 정신이 혼미했다. 첫 단추를 어설프게 채운 탓인지, 원대한 꿈을 접고 고작 일 년 머무는 동안 크고 작은 발광과 삽질 후 타협했다. 집으로 돌아가서 일 년에 한 번씩은 여행하기로. 강도는 좀 줄이고 계속 발광체가 되기로.

여행을 일생일대에 한 번 있을 법한 이벤트로 보면 그 여행이 처음이자 마지막이 될 수 있다. 떠남의 흥분을 불씨 삼아 소비로 활활 태우기 쉽다. 떠날 날짜를 손꼽으며 택배 상자를 뜯느라 바쁘다. 캐리어, 옷, 선글라스(여러 개 가지고 있는 선글라스를 쓰면 되지, 대체 왜 새 선글라스를 사는가?), 여행에서 필요할지도 모르는 잡다한 여러 종류의 물건 등등. 여행 가서도 물욕이 폭발한다. '여기 언제 또 오겠어?' 주문을 걸고 지갑을 열어젖힌다. 평소에 자제했던 물건을 향한 애정 공세를 펼치면 여행비용이 버거워 다음을 기약하기 어렵다. 벼르고 별러 평생 한 번 해외여행으로 끝낼 것인가, 아니면 현명한 지출로 일 년에 한 번씩 여행할 것인가? 흥분을 일시적으로 최고치로 올리는 이벤트가 되는 여행과 여행이 일상이 되는 것 중 어느 쪽을 선택할 것인가? 프랑스 작가 플로베르의 소설 『마담 보바리』에서 보바리 부인은 파리 여행을 이벤트로 바라보는 바람에 현재 자신의 모든 것을 부정하게 된다. 그녀는 잡지를 통해 파리의 최신 유행을 좇았다. 가상 세계에서 살면서 알지도 못하는 사람들의 취향 공동체에 속하려고 쇼핑을 해대고 결국 파국으로 치닫는다. 그녀가 한 달에 한 번, 적어도 일 년에 한 번이라도 파리에 갔더라면 어땠을까? 가상 세계를 진짜 세계로 만들었다면 어땠을까?

  여행이 일회성 발광(發狂)을 넘어 지속적 발광(發光)이 되려면, 여행경비가 현재 총자산에서 차지하는 무게에 대한 관점 정비가 필요하다. 여행경비 하나만 보면 적지 않은 액수이지만, 총자산에서 그만큼이 사라져도 막대한(?) 부 축적과 거리가 먼 사실은 변하지 않는다. 일 년에 한 번은 반짝이는 발광 프로젝트를 수행하는 데 충분한 전제조건이라고 할 수 있다. 적어도 일 년에 한 번씩 여행할 수 있다면 '인증 강박'에서 벗어날 것이다. 다음에 또 가면 되니까 불필요한 쇼핑을 줄이게 된다. 아니, 쇼핑 자체에 시들해진다. 자동차를 타고 대형 마트에 갔을 때를 떠올려 보자. 언제 필요할지도 모르는 물건을 큰 카트에 집어넣고, 계산대에 앞에 이르러 가득 찬 카트를 보고 놀란 적은 없는가? 퇴근하며 언제든 들를 수 있는 집 앞 마트에서는 필요한 물건만 사게 된다. 이 원리가 여행에도 작용한다.
  퇴근 후 집에 와서 치맥을 먹으며 좋아하는 영화 한 편 보는 낙이 옳다고 믿는가? 그렇다면 여행경비가 총자산에서 차지하는 무게는 깃털쯤이라고 믿어도 좋다. 치맥이 뱃살과 콜레스테롤을 남긴다면, 여행은 영혼에 흔적을 남긴다. 치맥이 일시적 소확행이라면 여행은 유통기한이 긴 소확행이다. 여행은 필요하면 언제든 뚜껑을 열어 꺼낼 수 있는 기억 상자가 된다.
  일 년에 한 번씩 떠나려면, 무형의 경험에 가치를 두는 태도도 필요하

다. 경험을 통한 변화는 서서히 일상에 스민다. 즉각적 변화가 안 보여서 유럽에 한 번 갔다 왔으면 그만이지 뭐 하러 쓸데없이 또 가나, 할 수 있다. 이런 마음이라면 여행경비로 차라리 평소에 갖고 싶었던 물건을 사는 게 나을지도 모른다. 눈에 보이는 결과물에 더 매혹되는 사람은 현지 문화를 체험하는 데에도 인색하다. 여행 방식도 인증에 몰두하고 물건을 탐하는 데 예산을 배정할 것이다. 어느 쪽으로 마음이 기울든, 지갑을 여는 방향이 그 사람의 가치관이다. 사람마다 경험의 가치에 대해 갖는 기본값이 다르다. 이 책을 읽는 독자라면 눈에 보이지 않는 경험에 가치를 두면 좋겠다.

'시간이 생기면, 경제적 여유가 생기면, 하고 싶은 일을 해야지'와 같은 가정법 문장만 되풀이하면, 버킷리스트는 영원히 리스트로만 남을 것이다. 시간 저축은 돈 저축보다 훨씬 어렵기 때문이다. 직장에 매인 노동자라면 이 눈치 저 눈치 보다가 저렴한 항공권을 놓치기 일쑤다. 우아한 곡선으로 비상하는 항공권 가격을 보면서 동공이 흔들린다. 정신을 가다듬고 쓰린 속으로 비싼 표를 구매할 수밖에 없다. 영혼까지 저당 잡혀서 받은 월급 중 일부를 피폐한 영혼을 복구하는 데 쓴다고 생각하며 위안을 얻는다.

매달 카드값을 내느라 허덕이고, 밥벌이에만 집중하면 쌓이는 건 통장의 잔고가 아니라 출구 없는 반복적 일상이다. 적게 벌고 적게 쓰며 사는 삶에 눈뜨는 인생은 어떨까? 소비를 적게 하는 것은 환경에도 좋다. 소비사회에서는 게으름뱅이가 지구 보호에 동참하는 것이라고 우겨보자. 행동경제학자인 대니얼 카너먼은 『생각에 대한 생각』에서 '소득이 늘수록 인생의 자잘한 행복을 누릴 수 있는 능력이 줄어든다'고 말한다. 소득이 행복에 분명히 영향을 미치지만, 일정 수준에 도달하면 행복과 소득은 관계가 없어진다고 한다. 잃어버린 행복을 찾고 싶지 않은가? 낯선 도시에 있는 상상만으로 아드레날린과 도파민이 분비되는 기분이 궁금하진 않은가? 그렇다면, 발광 프로젝트에 동참하길!

떠나는 데 아무것도 걸리는 것 없는 사람이 있을까? 고액 연금으로 생활하는 은퇴자? 은퇴한 후에 나이를 생각하면 체력도 없을 뿐 아니라 낯선 환경에 적응하는 순발력도 육체와 함께 노화한다. 심신의 노화는 떠나는 자체를 두렵게 한다. 진짜 노화는 나이가 아니라 자신의 안전지대에만 머물 때 찾아온다. 안전지대는 개인마다 다르다. 가족, 직장, 안정된 수입, 사회적 위치 등 현실에서 나를 지탱해 주는 것이지만, 동시에 나를 옭아매는 것이다. 이 안전지대 밖으로 나가면 새로운 사실이 보인다. 내가 묶여서 끌려가고 있지는 않은지. 이 성찰은 나와 타인에 대한 이해로 이어지고, 자신감을 가져다 준다. 이는 나를 지켜주는 든든한 새 버팀대가 된다.

지속 가능한 발광을 위해 수입과 지출을 점검해 보자.

▪ 나에게 소확행은 주로 물건/문화생활(콘서트, 영화, 연극, 책 등) 같은 경험이다.

▪ 소확행을 누리는 데 드는 비용이라면 아깝다/아깝지 않다.

▪ 한 달에 지출할 수 있는 소확행 비용은 총수입의 ＿＿＿＿＿＿＿ %이다.

▪ 여행 계획을 세울 때 맛집/체험/쇼핑에 비중을 둔다.

▪ 여행 후 남는 것은 ＿＿＿＿＿＿＿ 라고 생각한다.

Chapter 2

Step by Step
두려움은 가라

"내가 가장 부러운 사람은 처음 여행하는 사람이야. 모든 게 다 처음이니 얼마나 흥분되고 재미있겠어."

처음은 실수투성이지만 흥분 지수는 최고치이다. 자유여행을 떠날 그대여, 지금 이 가장 행복한 순간이라는 것을 아는가?

언어장벽
정면으로 돌파하기

해외여행을 하는 데 언어 실력은 어느 정도 필요할까?

혼자 또는 자유여행을 망설이는 여러 가지 이유 중 하나는 언어이다. 여행할 나라의 언어를 말할 수 있으면 여행의 질이 달라진다. 현지인과 대화를 나눌 수 있다면 경험의 결이 다채롭고, 경험의 폭도 풍성해진다. 그렇더라도 그 나라 언어를 몰라서 겁부터 먹을 필요는 없다. 언어는 자유여행에서 중요한 부분이지만, 여행 전체를 지배하진 않는다. 오히려 언어를 몰라서 잃어버렸던 아이 같은 순진한 호기심이 부활할 수 있다. 언어가 통하지 않는 곳에서 '자발적 문맹자'가 되길 두려워하지 말자.

글을 읽을 줄 몰라서 마트에 가면 한 시간이 금방 흐른다. 과자 하나 사는 데 내용물이 무엇인지 몰라 포장을 이리저리 돌려 본다. 포장지만 보고 어떤 맛인지 추측하며 죽어있던 상상력을 동원한다. 해독할 수 없는 글자와 그림으로 된 포장지에서 새로운 이야기를 쓴다. 겨우 과자 하나

사는 데 시간이 오래 걸려 피곤할 수 있겠지만, 평소에 죽어있던 호기심이 왕성해진다. 언어를 몰라 익숙해서 무심코 흘려보냈던 일상적 물건조차 신비로운 것이 된다.

일상용품은 그 나라의 '찐' 문화이다. 우리의 일상은 창덕궁에 있는 게 아니라 집에, 직장에, 마트에 있다. 일상이 따분한 이유는 지나치게 익숙해서이다. 익숙해지면 당연해서 어떤 질문도 던지지 않는다. 질문이 없으면 자극도 없고, 흥분도 없다. 마트에서 맥주를 살 수 없다고 상상한 적 있나? 이슬람 문화권 나라에 가면 일반 마트에서 술을 살 수 없다. 술 판매 허가를 받은 마트나 리커숍에서만 술을 팔기 때문이다. 뉴욕에서는 다른 이유로 술을 사기 힘들다. 뉴욕에서는 총기 소지가 가능한 대신 술 판매가 통제된다. 영화 보면 어디서나 자유롭게 맥주를 마시는데, 실제는 그렇지 않다. 판매 허가를 받은 마트에서만 술을 살 수 있고, 바에서만 마실 수 있다. 유럽은 맥도날드에서, 아침에, 맥주를 마셔도 눈치가 전혀 보이지 않는 천국이다. 이슬람 국가와 뉴욕에서 맥주 마실 곳을 애타게 찾아다녔다. 이렇게 여행은 당연한 일상을 다른 관점으로 보는 시간이다. '자발적 문맹'은 여행자의 특권이다.

여행하는 모든 나라의 언어를 아는 것이 실제로 가능할까?

영어와 제2외국어를 할 줄 아는 사람보다 모국어만 할 줄 아는 사람이 훨씬 많다. 우리가 언어장벽이라고 말하면 대체로 영어를 말하고 이해하는 능력을 뜻한다. 간단한 여행 영어만 알아도 언어에 대한 두려움은 많이 사라진다. 영어가 세계 공통어지만 만능어는 결코 아니다. 생각보다 많은

나라에서 영어가 전혀 안 통한다. 영어가 거의 안 통하는 나라 중에 가까운 중국이 있다. 중국어를 몰라서 중국에 못 갈까? 천만에.

나도, 친구들도 한자라고는 이름 석 자밖에 모르지만, 베이징에 재미있게 다녀왔다. 하루는 베이징에서 차로 2시간 걸리는 민속마을인 고북수진에 갔다. 우리로 치면 용인 민속촌 같은 곳이다. 고북수진에 도착하니 점심시간이 지나있었다. 배꼽시계가 요란하게 울렸지만, 식당이 어디 있는지 몰라 먼저 골목을 구경했다. 이리저리 걷다가 골목 한 귀퉁이에서 작은 식당을 만났다. 친구들과 나는 모두 한자에 까막눈이었다. 식당 주메뉴가 무엇인지 몰랐지만, 들어가서 당당하게 자리를 잡았다. 뭐라도 먹을 수 있겠지, 하면서.

나는 밥 덕후이다. 어떤 음식을 시켜도 기승전 '밥심'을 예찬하는 터라 밥이 있어야 했다. 종이와 펜을 꺼내 밥 그림을 그렸다. 밥알을 한 알 한 알 정성스럽게 쌓아 밥그릇 위로 수북이 올라오게 그렸다. 그 옆에 한자로 밥 미(米)를 써서 식당 주인에게 보여주었다. 꽤 신박한 방법이라고 생각해서 흐뭇했다. 결과는 대실패였다. 식당 아주머니는 우리가 원하는 게 무엇인지 전혀 알아차리지 못했다. 아주머니는 (아마도) 식당에서 파는 메뉴를 계속 중국어로 말하는 것 같았다. 아주머니는 우리를 감당하기 힘들었는지 잠시 사라지더니 다른 사람을 불러왔다. 우리는 이제 3:2가 되었다. 머릿수가 늘어난 만큼 답답함도 커졌다. 작은 식당은 주문하려는 이와 주문받으려는 이의 대결장이 되었다. 다섯 사람은 모두 자리에서 일어나서 손짓하면서 목소리를 높였다. 대환장 파티였다.

아주머니가 잠시 뒤로 주춤하더니 우리에게 오라고 손짓했다. 우리를 데려간 곳은 주방이었다. 불 위에 올려진 커다랗고 움푹한 냄비를 가리

켰다. 고개를 쑥 빼서 냄비 안을 들여다보니 국수가 들어있었다. 국수라면 먹을 수 있는 음식이었다. 그제야 아주머니가 계속했던 말이 아마도 '미엔'이었던 것 같고, 면이 아닐까 추측했다. 우리는 고개를 끄덕이면서 들었던 '미엔'을 큰 소리로 반복하면서 손가락 세 개를 힘주어 폈다. 아주머니는 웃었고, 마침내 우리는 테이블로 가서 앉았다. 험난하고 역동적인 점심 주문을 끝내고 국수가 나오기를 기다렸다. 그 순간 우리는 개선장군이었다. 의기양양하게 자리에 앉아서 승리(?)의 무용담을 나누며 깔깔거렸다.

한자 문화권에 가면 한자를 전혀 몰라서 음식을 주문하기 위해 자리에서 일어나는 소동을 벌이곤 한다. 다른 사람들은 무슨 음식을 시켰는지, 옆 테이블을 염탐한다. 언어를 모르면 식당에서 주문하는 일이 넘어야 할 큰 산일 때가 있다. 하지만 지나고 나면, 현지인과 직접 대면하는 소동은 추억이 되곤 한다. 식당 주인은 언어가 안 통해서 문전박대를 하기는커녕 언어를 몰라 쩔쩔매는 여행자를 걱정한다. 현지어로 "감사합니다", "안녕하세요" 정도만 말해도 식당 사장님들의 귀여움을 독차지할 수 있다. "맛있어요"란 고급 어휘를 익히면 특급 대접을 받을 것이다.

한국어를 못하는 외국인이 김밥천국에 갔다고 가정해 보자. 김밥천국 사장님은 외국인과 말이 안 통해서 내쫓기보다 여러 가지 수단을 동원해서 외국인이 주문하려는 음식을 알아내려고 할 것이다. 어디나 사람 사는 모습은 비슷하다. 식당 사장님은 밥 먹으러 온 손님이 밥을 먹을 수 있도록 도와준다. 사람에 대한 기본적 믿음만 있으면 언어를 모르는 건 부차적 문제다. 외국이라면 그 나라 언어를 못 하는 게 당연하지 않은가. 당당해지면 좋겠다.

그래도 자유여행을 계획했다면, 틈틈이 간단한 여행 영어 표현을 익혀 두면 좋다. 영어로 기본적인 의사소통만 가능하면 자신감이 올라간다. 우리는 언어에 대해 지나친 완벽을 추구한다. 외국인은 한 언어의 기본 알파벳만 배웠어도 그 언어를 안다고 말한다. 반면에 우리는 틀리지 않고 완벽하게 말할 수 없으면, 그 언어를 못 한다고 말한다. 이는 언어에 대한 의식 차이다. 여행 영어에서 고급 어휘가 필요하진 않다. 우리는 영어로 말할 때, 문법적으로 틀리지 않은 완벽한 문장으로 말해야 한다는 강박이 있다. 이 쓸데없는 강박을 버리면 의사소통이 쉬워진다. 기본적인 단어만 알아도 여행하는 데 별로 불편하지 않다.

여행할 때 말하기보다 듣기가 더 필요하다. 우리가 하는 질문은 대체로 간단한 편이다. "얼마예요?" "여기 어떻게 가요?" 등등. 여행자는 주로 돈을 쓰는 사람이고, 현지인은 돈을 벌려는 사람이다. 그래서 우리가 한 단어만 말해도 찰떡같이 알아듣는다. 질문 후 다음 차례는 상대의 대답이다. 상대의 대답을 못 알아들으면 질문은 쓸모없다. 상대의 말을 대충 알아들으면 된다. 못 알아듣겠으면 천천히 말해달라고 하거나 종이에 써 달라고 하면 된다. 언어를 몰라 답답할 수 있겠지만, 영어에 대한 공포심을 벗어버리면 언어 때문에 여행을 못 하는 일은 없다.

영어로 기본적인 의사소통이 어렵다면 영어를 사용하는 영화 한 편을 정해서 하루에 10분씩만 반복해서 듣고 문장을 통째로 외워보자. 많이 하려고 하지 않는 게 중요하다. 절대 욕심내지 말자. 외웠는데 잊어버려도 괜찮다. 문장을 암기한 후 잊어버리는 일은 아침을 먹어도 점심시간이 되면 배고픈 것처럼 당연하다. '나만' 그런 게 아니다. 모두 그렇다. 외국어를 공부할 때 활활 타오르는 불같은 열정을 장전하고 하루에 두 시간씩 일주일 하다가 그만두는 것보다 곧 꺼질 불꽃처럼 시들시들하더라도 오래 하는 게 장땡이다. 매일 10분, 한 달 정도 암기하고 까먹기를 반복하면 안 들렸던 말이 조금씩 들리는 신세계를 경험할 것이다. 무언가를 한 달 동안 꾸준히 하는 건 생각보다 무척 어렵다. 한 달을 채우면 찾아오는 변화를 경험해 보기 바란다.

의사소통은 언어만이 아니라 비언어적 요소도 중요하다. 손짓, 몸짓, 표정 등 궁하면 통한다. 의사소통은 원하는 의사를 전달하는 것이지 문장을 오류 하나 없이 말하는 게 아니다. 한 언어에 대해 유창한 것은 내 의사를 전달하고 상대의 의사를 이해하는 것이지, 꼭 문법적으로 완벽한 것이 아니다.

우리는 한국어 원어민으로 한국어에 능통하다. 하지만 한국어를 유창하게 구사하는 조직에서도 서로 말이 안 통해서 답답한 경험이 있다. 언어를 잘 구사하는 것과 의사소통을 잘하는 것은 별개다. 영어 못한다고 위축될 필요도 없다. 모국어가 아닌데 못 하는 게 당연하지 않나. 여행지에서 만난 이들이 다 영어를 잘하는 것도 아니다. 못 알아들으면 당당하게 다시 묻고, 설명해 달라고 요청하면 된다. 이 기본적인 사실을 잊지 않으면 된다.

반복해서 봐도 질리지 않을 것 같은 영화 한 편을 고른 후 다음 방식으로 한 달 동안 해보자.

----

1. 영화를 선택할 때 대사가 너무 많지 않고, 대본을 구할 수 있는 영어로 된 영화가 좋다.

----

2. 5분 동안만 영화를 먼저 본다.

----

3. 대본을 읽는다.

----

4. 다시 영화를 본다. 들리는 단어나 문장이 있는가?

----

5. 영어 대사를 외운다.

----

6. 다시 영화를 보면서 따라 읽는다. 외워서 따라 말하면 더 좋다.

영화 몇 편을 추천하면, 다음과 같다. 발음이 또박또박하고 랜선 여행도 할 수 있는 영화들이다.

1. 「인사이드 아웃」 영화 캐릭터들의 발음이 정확하고 또박또박하다. 더불어 모든 감정은 소중하다는 사실을 배울 수 있다.

2. 「비포 선셋」의 배경은 파리 명소와 단기여행자는 잘 안 가는 파리 거리이다. 파리 골목을 걷고 있는 기분이 드는 영화이다. 단, 대사가 조금 많은 편이다.

3. 「월터의 상상은 현실이 된다」 주인공 월터 역을 맡은 벤 스틸러의 발음이 또렷해서 듣기 연습하기 좋은 영화다. 덤으로 그린란드와 아이슬란드의 경이로운 자연을 생생하게 볼 수 있다. 아이슬란드로 떠나고 싶어질지도 모른다.

4. 「원스」 대사 양이 많지 않은 음악 영화로 더블린 거리와 아일랜드의 자연을 구경할 수 있다. 떠남을 부추기는 영화이다.

비행기 표는 샀는데
그다음엔 뭘 하지?

두 눈 질끈 감고 항공권을 질렀다면 목적지는 정해졌을 것이다. 그다음에 무엇을 해야 할지 난감하다. 이제 앞으로 나아갈 일이 기다리고 있다. 이 단계에서 가장 많은 시행착오를 겪으면서 정보의 늪으로 들어간다. 일단 서점에 가서 여행 코너를 기웃거린다. 여행 가이드북이나 여행에세이 몇 권을 훑어본 후 방황한다. 여행책 종류가 너무 많아 무슨 책을 선택해야 할지 어지럽다. 책을 펼쳐도 낯선 지명과 눈에 안 들어오는 빽빽한 설명이 가득하다. 관광지에 찾아가는 방법을 봐도 이해가 안 된다. 나라마다 교통카드 종류는 왜 이렇게 많은지, 덜컥 겁이 난다. 매혹적 사진이 있거나 제목이 확 끌리는 여행서 두어 권을 산다. 설레고 두려운 마음으로 집에 책을 업어온다. 책을 밤새 탐독하지만 읽을수록 점점 미궁에 빠진다. 분명히 한글로 쓰여 있지만, 문화나 시스템이 달라서 외계어 같다. 책을 덮고는 인터넷 바다에 풍덩 빠진다. 폭풍 클릭에 손목이 시리

다. 유튜브에 들어갔다가 알고리즘이 추천하는 동영상 지옥에 빠진다. 많은 유튜버가 자신의 경험을 보기 쉽게 담아서 생생한 정보로 가득 차 있다고 믿는다. 유레카를 외친다. 처음 자유여행을 준비할 때, 이 일련의 과정을 거치기 쉽다.

눈이 뻥할 정도로 유튜브 영상을 본 후 모니터 앞에 앉아서 검색하면 여행 준비가 잘 되고 있다고 착각한다. 이런 식으로 자유여행을 준비한다면 패키지여행을 가는 게 낫다. 가이드북과 인터넷에서 찾은 정보는 비슷한 루트와 대동소이한 맛집과 똑같은 볼거리만 제공한다. 여행지에 직접 다녀와서 체험한 정보를 올린 블로거나 유튜버의 콘텐츠는 유용할 때도 있지만, 대부분 자신이 겪은 이야기를 지나치게 일반화한다.

여행 정보에서 절대적인 것은 없다. 헤르만 헤세는 두 사람이 함께 같은 곳을 여행해도 두 개의 여행이 된다고 말했다. 여행은 사적인 경험이라 모든 정보는 상대적이고 유동적이다. 인터넷 검색으로 찾은 정보만 너무 믿으면 여행을 망치기 쉽다. 처음 혼자 유럽으로 자유여행을 떠날 때 자신의 여행 스타일을 찾는 데 무심한 사람을 만난 적이 있다. 그는 불안에 쫓겨서 실용 정보만을 찾았다. 한 유튜버가 알려준 방식에 직관적으로 꽂혀서 그 유튜버의 여정을 그대로 따랐다. 취향은 물론이고 나이와 성별도 고려하지 않아서 캐리어에는 필요 없는 물건을 잔뜩 넣었다. 이십 대 청년과 사십 대 여자는 필요한 게 다르다는 것을 몰랐다. 무거운 캐리어를 끌고 이 도시, 저 도시로 이동하느라 극기 훈련 같은 '남의 여행'을 하느라 고생하는 것을 보았다.

깊이를 알 수 없는 정보의 바다에서 나에게 맞는 정보는 무엇일까?

자유여행을 선택한 이유는 어떤 의미에서든 '나만의 여행'을 하고 싶어서일 것이다. 그렇다면 실용 정보 찾는 순서를 뒤로 조금 미루자. 공항에서 시내로 들어가는 방법, 호텔에서 관광지 찾아가는 방법, 도시 간 이동 방법 같은 실용 정보는 꼭 알아야 한다. 하지만 여행 후 마음속에 잔물결을 찰랑이게 하려면, 실용 정보는 도움이 되지 않는다.

항공권 구매 후 할 일은 무엇을 보고, 무엇을 할지 정하는 것이다. 모든 선택은 모방하려는 욕망에서 나온다. 무엇을 모방할 것인가? 모방도 호기심에서 생긴다. 호기심이 없다면 무엇을 할지 스스로 선택할 수 없다.

가게 될 나라나 도시 출신의 작가가 쓴 소설이나 에세이 등을 찾아서 모방 대상으로 삼으면 좋다. 아니면 그 나라에 체류했던 경험이 있는 작가들의 책도 좋다. 한동안 홀린 것처럼 작가나 화가들의 뒤를 쫓아다닌 적이 있다. 소설가 헤밍웨이가 파리에 머무는 동안에 쓴 에세이 『파리는 날마다 축제』를 읽고, 혼자 헤밍웨이의 뒤를 캤다. 파리의 골목에서, 카페에서. 가난한 글쟁이로 우리처럼 질풍노도기를 보냈던 젊은 헤밍웨이를 따라서 1920년대 파리 골목을 거닐고, 카페 분위기를 음미하며 미소 지었다. 파리에서 그는 나처럼 이방인이었고, 그의 시선을 업고 파리 거리를 걸으면 거리와 카페가 말을 걸어오는 것 같았다.

노트르담 성당 맞은편에 있는 작은 헌책방 '셰익스피어&컴퍼니'가 여행자들에게 알려진 건 에단 호크와 줄리 델피가 주연한 영화「비포 선셋」의 첫 장면을 통해서이다. 두 사람이 비엔나에서 하룻밤을 함께 보낸「비포 선라이즈」속편으로 9년 만에 다시 만나는 장소가 이 서점이다. 지금은 헌책방이지만 당시에는 책을 대여하기도 했다. 밥값이 없어 점심을 거르곤 했던 헤밍웨이에게 서점 주인이 책도 무료로 빌려주고, 식사도 대접하곤 했던 역사적인(!) 곳이다. 세월의 흔적을 품은 작은 서점에서 헤밍웨이의 흔적을 찾아냈다.

만약 당신이 젊은이로서 파리에서 살아보게 될 행운이 충분히 있다면, 그렇다면 파리는 이동하는 축제처럼 당신의 남은 일생 동안 당신이 어디를 가든 당신과 함께 머무를 것이다.

이 글귀를 발견했을 때, 나만 아는 떨림이 되었다. 이 떨림은 내 이야기가 되어 언제 읽어도 가슴 뛰는 말이 되었다. 이처럼 가슴 뛰게 하는 도시를 만들어 보자. 책에서는 배경이 된 도시의 거리, 식당, 카페, 박물관 등등 실제 이름으로 많이 묘사된다. 낯선 거리를 묘사한 글을 읽으면 상상하게 만드는 마력이 있다. 여행 전에 여행 에세이를 읽는 것도 좋다. 책을 쓴 작가와 감성이 일치하면 작가가 방문한 곳에 대한 호기심이 생기고, 가보고 싶어진다. 어디를 가야 할지, 무엇을 할지, 서서히 다가온다.

책이 수면제인 사람은 가고 싶은 나라나 도시를 배경으로 하는 영화를 보면 좋다. 영화는 두 시간 정도로 비교적 짧고, 시각적 요소가 두드러진 예술이다. 견물생심이다. 영화의 배경이 되었던 도시는 독특한 분위기를 뽐어 우리를 매혹한다. 우리는 왜 파리를 낭만적으로 생각하게 되었을까? 많은 영화가 파리를 배경으로 하기 때문이다. 프랑스 관광청에서 만든 홍보 영상처럼 파리 거리 자체를 주인공으로 다루는 사랑스러운 영화가 있다. 영화 「아멜리에」는 파리 구석구석을 배경으로 하면서 유쾌하고 발랄한 사랑을 담은 로맨틱 코미디 영화이다. 두 시간 동안 영화 속 주인공 아멜리에를 따라 파리 이곳저곳을 따라다니면 직접 가보고 싶은 마음이 생긴다. 로마에 가면 트레비 분수에 가서 사랑이 이루어지길 기원하며 동전을 던지고, 스페인 계단을 걸으며 젤라토를 먹는 것도 오드리 헵번과 그레고리 펙이 주연인 「로마의 휴일」 덕분이라는 걸 기억하는가?

조금 색다른 정보를 얻고 싶으면 그 도시의 공식 홈페이지를 찾아보면 좋다. 많은 도시가 공식 홈페이지를 운영한다. 볼거리는 물론이고, 액티비티, 음식, 투어, 숙소, 그 도시의 역사까지 찾을 수 있다. 그 어떤 가이드북보다 상세하고 힙한 현지 정보를 제공한다. 언어 걱정은 넣어두자. 한국어 번역기 버튼을 누르면 필요한 정보 정도는 충분히 얻을 수 있다.

프라하에서 버스로 두 시간 거리에 있는 작은 도시 카를로비 바리에 갔을 때였다. 인터넷에 카를로비 바리를 검색하면 나오는 정보는 하나밖에 없다. 온천 도시라 거리 곳곳에 있는 수도꼭지에서 온천물을 맛보는 것이다. 공식 홈페이지를 찾아봤다. 가장 먼저 눈에 들어온 것은 카를로비 바리의 오랜 역사이다. 18~19세기에 온천 도시로서 유명했고, 괴테도, 베토벤도 요양했던 곳이라는 것을 알게 되었다. 여전히 장기 온천 요양이 가능한 호텔 정보도 있다. 엘리자베스 호텔에서 운영하는 온천 스파 프로그램을 발견했다. 궁금했다. 카를로비 바리에 도착하자마자 호텔로 가서 나 같은 단기여행자가 당일에 스파 체험을 할 수 있는지 알아봤다. 한 시간쯤 후에 욕조에 몸을 담글 수 있었다. 하얀 얇은 커튼이 쳐진 큰 창이 있는 방에 들어갔다. 창을 뚫고 들어오는 환한 빛을, 욕조가 받고 있었다. 방 주인은 욕조였고, 욕조 주인은 나였다. 낯선 도시에서 환한 낮에 옷을 벗고 알몸으로 욕조에 몸을 담그니, 긴장으로 쭈글쭈글한 마음이 펴지고 색다른 긴장이 찾아왔다. 요양 처방을 받은 사람들이 몸과 마음의 굳은 근육을 이런 식으로 풀었겠지?

여러 경로를 통해 한 나라와 도시에 대한 이미지를 수집하는 과정은 자신도 몰랐던 감성을 채굴하는 시간이다. 무엇을 좋아하고, 무엇을 모방할지, 비실용적인 정보를 모으며 알아간다. 자신만의 방식으로 한 도시를 상상하게 되고, 이 상상은 적극적으로 체험하는 여행으로 이끈다. 도시에 대해 아무 느낌이 없는데 무엇을 하고 싶은지 어떻게 알겠는가? 이런 과정을 무시하고 가이드북과 인터넷 검색 정보에만 기대면 누군지도 모르는 사람의 감성으로 여행하게 된다. 여행 중에 '이건 아니야' 하고 깨닫지만, 숙소와 각종 입장권 예약 일정에 맞추느라 타인의 시선으로 꾸역꾸역 여행을 마치게 된다. 타인의 취향은 내 취향이 아니라는 걸 명심하고, 출발 전에 내 취향을 반영할 수 있는 정보를 적극적으로 찾아보자.

가고 싶은 나라나 도시를 배경으로 하는 책이나 영화를 찾아서 정리해 보자.

1. 책 목록

----

2. 영화 목록

▓ 책이나 영화에서 언급된 도시나 거리, 카페, 식당의 이미지를 찾아보자.

▓ 가고 싶은 도시의 홈페이지를 찾아보자.

▓ 홈페이지에서 발견한 정보는 무엇인가?

하루 예산,
얼마면 돼?

　마음 준비가 가치 지향적이라면 예산 세우기는 현실 지향적이다. 현실에서 생계가 발목을 붙잡지 않고, 언제든 떠날 수 있는 사람에게 여행은 로망이 아닐 것이다. 이런 사람에게 여행은 그 매력을 상실할지도 모른다. 120개국을 여행한 분을 만난 적이 있다. 20년 넘게 미국에서 살았고, 은퇴 후 서울로 거처를 옮겼다. 일 년 중 6개월 이상 여행하면서 외국에서 보낸다. 여행이 삶 자체라면 어떨까? 그를 부러워하는 마음에서 이런저런 이야기를 나누었고, 뜻밖의 말을 들었다.

　"뭐가 부러워. 내가 가장 부러운 사람은 처음 여행하는 사람이야. 모든 게 다 처음이니 얼마나 흥분되고 재미있겠어."

　처음은 실수투성이지만 흥분 지수는 최고치이다. 자유여행을 떠날 그대여, 지금이 가장 행복한 순간이라는 것을 아는가?

혼자 여행은 일단 혼자 할 수 있는 자신감도 있어야 하고, 가용 예산 범위에도 맞아야 한다. 예산을 세운 후 여행해도 변수가 많아서 예산 초과는 빈번하다. '충동구매 비용'과 예상치 못한 헤매기로 지출하게 되는 '멍청 비용'이 대표적인 예산 초과 비용이다.

충동구매는 두 가지 얼굴이다. 충동구매 물건은 예상치 못한 득템으로 거듭날 수도 있지만, 대부분 여행지에서 홀림의 포로가 되어 치른 대가이다. 모로코의 페즈에 갔을 때다. 모로코 특산물은 양탄자와 은(도금)세공품이다. 은세공품 가게에 들어서자 엘사 공주가 사는 궁전에 초대받은 것 같았다. 처음 보는 화려한 문양의 은제품은 조명을 받아서 이 세상의 것이 아닌 오라를 발산했다. 빛이 반사되어 눈이 부셨고, 눈이 멀었다. 마법의 공간에서 충동을 이기기는 어려웠다. 꽤 고가의 은도금 찻주전자를 보고 홀린 듯이 지갑을 열었다. 집에 오니 마법이 풀렸다. 동화 속 보물 같았던 주전자는 뭔가 어색했다. 한 번도 쓰지 않고, 바로 주방 수납장 행이었다. 그렇게 오 년 동안 깊숙하게 넣어두고 까마득하게 잊었다. 어느 날 정리하다 까맣게 색이 변해 있는 주전자를 발견했다. 화려한 과거는 찾아볼 수 없는 그냥 버릴 물건이었다.

이렇게 물건이 나에게만 윙크하며 손짓할 때가 있다. 그러면 마법에 걸리고 만다. '어머, 저건 꼭 사야 해' 주문에 걸린다. 쇼핑백을 받아 들고 그 물건을 만나기 위해 여행하고 있는 기분에 사로잡힌다. 어깨가 으쓱거리고 입이 귀에 걸려 보람찬 하루를 보낸 내가 자랑스럽다. 하지만 집에 돌아와서 보면 '어디에 쓰는 물건인고'를 되뇌며 서랍 어딘가에 처박아 놓곤 한다.

충동구매로 쌓아놓은 물건을 떠올려 보자. 본전 아까워서 버리지도 못

하고 자리만 차지한 채 먼지가 뽀얗게 쌓여가는 물건이 있을 것이다. 이 증거는 한순간 홀려서 잃어버린 자제력이다.

'멍청 비용'은 충동구매 비용과는 성격이 조금 다르다. 충동구매 비용은 자발적 지출이고, 줄일 수 있는 지출이다. '멍청 비용'은 강제 지출이고, 충동구매와 달리 의미 있는 학습비용이다. 체코를 여행할 때였다. 프라하에서 체스키크룸로프란 도시를 가기 위해 버스표를 예약했다. 버스 터미널은 숙소에서 걸어서 10분 거리에 있었고, 여유 있게 도착했다. 버스표에 적힌 플랫폼으로 갔지만 아무도 없었다. 플랫폼 전광판에는 10시 버스 출발을 알리는 메시지가 떠 있었다. 직감적으로 뭔가 쎄-했다. 안내데스크에 가서 직원에게 표를 보여주었다.

"곧 떠날 시간인데 버스가 없어요."

"이 표는 여기서 출발하는 표가 아니에요. 다른 터미널에서 출발하는 표예요."

다른 곳이라니? 버스 출발 시간은 9시였고, 시계를 보니 8시 45분이었다.

그는 지하철 지도를 꺼내서 가는 법을 친절하게 설명했고, 20분쯤 걸린다고 말했다. 아무 잘못도 없는 느긋한 직원이 얄미웠다. 택시를 타면 9시 전에 도착할 수 있는지 물었고, 희망적인 대답을 들었다. 버스 터미널 밖으로 나가 택시 승차장으로 달렸다. 운전기사에게 체코어로 쓰인 터미널 역명을 보여주며 버스 출발 시간을 말했다. 그는 비장한 표정으로 시계를 봤다. 다급한 내 의사가 전달된 것 같았다. 그가 고개를 끄덕이자 나는 택시에 올랐다. 운전기사는 힘껏 액셀을 밟았다. 일요일 아침, 도로는 한산했지만 차가 정지 신호에 걸려 멈출 때마다 시계를 보았다. 버스 터미

널이 어디쯤 있는지 전혀 가늠할 수 없어서 더 조바심이 났다. 과연 버스를 탈 수 있을까? 여기는 어디고, 나는 왜 이런 짓을 했을까? 멍청함을 자책하며 방황하는데 차가 멈췄다. 운전기사가 손가락으로 밖을 가리켰다. 오, 여기가 터미널? 운전기사의 적극적 협력(?) 덕분에 해피엔딩이었다.

내 삽질로 계획에 없던 택시비를 지출했지만, 프라하의 버스 터미널은 두 곳에 있다는 걸 알게 되었다. 플로렌스 터미널과 안델 터미널. 여행자들은 플로렌스 터미널을 많이 이용해서 다른 터미널이 있는 걸 상상도 못했다. 당연한 건 없는데 말이다. 예매할 때 버스표를 꼼꼼하게 안 보고, 출발지를 내가 알고 있는 곳으로 생각한 게 실수였다. 사람은 보고 싶은 대로 보고, 생각한 대로 믿는다. 여행할 때마다 멍청 비용을 치른 후 속단해서 생각하지 말 것을 배운다.

"하루 예산은 얼마면 충분할까요?"

"총비용은 얼마나 들었어요?"

인터넷 여행 커뮤니티에 빈번하게 올라오는 질문이면서 주변 지인들에게서 많이 받는 질문이다. 이 질문에 대한 모범 답안은 없다. 충분한 예산이란 지극히 주관적이기 때문이다. 5성급 호텔에서 자고, 미슐랭 가이드에 나온 고급 레스토랑에서 식사하는 일정이면, 하루 예산이 그렇지 않은 여행자의 전체 여행비용과 맞먹을 수 있다. 게스트하우스의 공동 침실인 도미토리에서 자고, 식사는 현지 마트를 이용한다면 해외여행일지라도 국내여행 경비보다 더 적게 들 수 있다. 5성급 호텔과 고급 식당을 이용하는 여행만이 좋은 여행이고, 게스트하우스에서 자고 마트 먹거리로 식사를 하는 여행이 나쁜 여행도 아니다.

사람마다 여행 스타일이 다르고 여행에서 얻는 즐거움이 다르다. 자신의 기호에 따라 예산을 편성할 수 있는 것도 자유여행의 매력이다. 게스트하우스에서 자면서 한두 번쯤 고급 식당을 이용할 수도 있고, 마트에서 산 식재료로 끼니를 해결하면서 고급 호텔에서 하루쯤 잘 수도 있다. 마트는 생필품의 거대한 집합소이다. 마트에 가면 그 나라의 생활 방식을 엿볼 수 있다. 필요한 게 없어도 구경하는 재미가 있고, 현지의 생생한 맛을 느낄 수 있다.

게스트하우스에는 게스트하우스만의 매력이 있다. 숙소의 특성상 다른 나라에서 온 여행자들과 대화를 나눌 기회가 많다. 한 방을 사용하는 룸메이트들과 인사를 나누고, 대화를 이어갈 수 있다. 그러면서 다른 문화권에 사는 사람들의 생각을 접한다. 이 시간은 딱딱하게 굳어있던 사고를 말랑말랑하게 만든다. 이런 자극은 여행을 유연하고 생생하게 이끈다. 5성급 호텔은 뽀송뽀송한 침구와 묵직한 가구, 소음을 다 삼키는 두꺼운 카펫으로 꾸며져 문을 닫으면 외부세계와 차단되어 나만의 세계로 들어간다. 아쉬운 점은 사람을 만날 기회가 없다. 근사한 호텔 바에서 멋진 '본부장'을 만나는 건 한여름에 함박눈이 올 확률과 비슷하다. 숙소마다 특징이 있으니 원하는 여행 방식을 고려한 후 숙소를 선택하는 게 정답이다.

다만 무조건 절약만 하는 여행은 피하라고 말하고 싶다. 여행이 고유한 경험이 되려면 '체험'에 투자할 것을 추천한다. 각종 입장료와 액티비티에 드는 비용이 여기에 해당한다. 자신의 욕구와 취향에 따라 예산을 분배하자. 내 경우에는 문화와 예술에 관심이 많아서 박물관과 미술관 입장료 등에 넉넉하게 예산을 잡는다. 반면에 식사비용에 상대적으로 예산을 적게 배정하는 편이다. 여행을 입체적으로 만드는 것은 평소에 하지 않았던 여러 가지 체험을 통해서이다. 이렇게 얻게 되는 시야 확장은 여행의 참맛이다.

예산 때문에, 시간 때문에, 여행을 계속 미룬다면 안타까운 일이다. 예산이 적다면, 아시아의 가까운 도시가 여러 가지 면에서 좋다. 일단 짧은 여행도 가능해서 심리적 부담도, 경비 부담도 적다. 가깝고 덜 번잡한 대만의 타이베이, 홍콩 등 안전한 도시에서 첫 자유여행을 시작하면 어떨까? 패키지로 갔을 때와 전혀 다른 느낌을 받을 것이다. 여행 패턴과 스타일도 반복된 학습에서 생긴다. 처음에는 아무것도 모른 채 출발했지만, 두번째, 세 번째 여행을 준비하면서는 필요한 것과 필요하지 않은 것을 선택할 근육이 생긴다. 여행 근육이 야금야금 붙으면 그다음부터 떠나기 쉬워진다. 자유여행을 해 본 적 있는 사람이 계속 자유여행을 하는 이유이다.

인생은 개인의 의지가 적극적으로 개입된 선택의 합집합이다. 인생의 변곡점에서 누군가의 개입으로 어쩔 수 없이 선택한 것처럼 보여도 여러 선택지에서 하나를 뽑은 사람은 결국 자기 자신이다. 어떤 선택이든 자신의 내밀한 욕구가 스며있다. 모든 선택이 욕구를 충족할 수 있는 것은 아니어서 욕구불만이 생기기 마련이다. 여행지에서는 하루에도 여러 가지를 선택해야 하는 '집약적 선택' 상황에 놓인다. 어디서 자고, 무엇을 먹을지, 기본적 욕구 충족을 위한 선택뿐 아니라 미술관에 들어갈지 말지, 지적 욕구 충족을 위한 선택이 기다리고 있다. 여행은 짧은 시간 동안 무수한 선택을 연습하는 장이다. 살아가면서 많은 선택을 거치고, 이 선택은 비교적 긴 시간 동안 이루어진다. 내가 원하는 것이 무엇인지 모른 채 선택할 때가 많다.

여행지에서는 선택의 순간을 집중적으로 겪기 때문에 원하는 것이 눈에 드러난다. 자신의 욕구에 충실한 선택 횟수가 쌓이면 자신의 욕구를 알게 된다. 잠재되어 있던 욕구도 끌어낼 수도 있다. 사소한 욕구 충족이 안겨주는 기쁨을 맛보기 시작할 것이다. 욕구 좌절도 물론 빈번하게 일어난다. 욕구 좌절은 타협을 배울 기회이다. 계획이 틀어져도 적정 수준에서 받아들이는 융통성을 배운다. 지나친 욕구와 타협하고 대안을 수용하며 얻게 되는 융통성이야말로 자유여행이 주는 선물이 아닐까?

내가 통제할 수 있는 비용과 통제할 수 없는 비용을 구분해 보자.

◤통제할 수 있는 비용

◤통제할 수 없는 비용

하루 예산을 세부 항목으로 나누어 세워보자. 나라마다 물가가 달라서 목적
지를 정한 후에 세울 수 있다.

▌숙박비

▌교통비

▌식비

▌교통비

▌음료비와 당 떨어질 때 보충할 비용

▌멍청 비용 지출에 대비한 비상금

▌기념품과 쇼핑 비용

실수와 삽질은
여행자의 특권이다

여기는 어디이고, 나는 누구인가?

졸업하고 사회생활을 하면서 목표를 세우고 영혼을 갈아 넣어도 전혀 다른 곳에 가 있는 기분이 들 때가 있다. 내가 있는 곳을 둘러보면 낯설다. 하루하루 주어진 상황에 맞추다 보면 보람찬 날도 있고, 망했어, 하는 말이 저절로 나오는 날도 있다. 여행도 이와 비슷하다. 다른 점이라면 인생은 생방송이지만, 여행은 시행착오를 거쳐 새롭게 시작할 수 있다. 삽질이 쌓이면 여행의 완성도(?)가 높아진다. 내가 이 책을 쓰게 된 것도 수많은 삽질 역사 덕분이다.

첫 자유여행은 계획이 틀어지는 걸 온몸으로 겪는 여행이다. 프롤로그에 밝혔듯이 나는 인터넷이 없던 시절에 유럽으로, 말 그대로 배낭여행을 갔다. 다른 나라 문화를 지금처럼 실시간으로 접할 수 없었다. 선배 여행자들의 경험담도 듣기 힘들었고, 여행 자유화 이전에 해외여행이 자유롭지 않아서 여행자도 드물었다. 요즘처럼 참고할 여행 에세이도 별로 없었다. 매일 몸으로 겪는 삽질의 연속이었다.

하루는 독일 쾰른 기차역에 내렸다. 그날 머물 유스호스텔을 찾아야 했다. 버스비가 아까워서 걷기로 했다. 종이지도를 봐야 하는 시절이었다. 지독한 방향치이자 길치에게 지도는 단순한 종이 인쇄물일 때가 많았다. 그럴 때는 지나가는 사람에게 길을 묻곤 했다. 유스호스텔과 반대 방향을 선택해서 무거운 배낭을 메고 라인 강을 따라 꼬박 반나절 동안 걸었다. 10kg이 넘는 배낭은 어깨를 짓눌렀고, 어디로 가고 있는지 몰라서 심리적으로 몇 배는 더 힘들었다. 내 척박한(?) 상황에는 아랑곳없이 라인 강변에는 푸른 잔디가 끝도 없이 이어졌다. 푸른 잔디가 햇빛을 받아 눈이 시렸다. 잔디밭에서 현지인들이 삼삼오오 모여 피크닉 중이었다. 그들의 유유자적한 모습은 아름다운 그림 같았다. 그 순간 친구와 나만 그림에서 배제된 것 같았다.

힘들다고 쉬는 것은 패배자를 의미했다. 한국 사회에서 여가 개념은 희미했고, 부지런함이 최고 덕목이던 때였다. 목적지에 가려면 쉬어서는 안 된다는 메시지가 넘쳤다. 문득 언제 목적지에 도착할지도 모르는데 이 아름다운 순간을, 단 한 번밖에 없는 순간을 즐기지 못한 채 빨리 유스호스텔에 도착하는 게 무슨 의미일까, 하는 생각이 들었다. 그때 잔디밭에서 코펠에 라면을 끓이고 있는 한국인 배낭여행자 일행을 만났다. 친구와 나는 합석해서 배낭을 풀고, 중요한(!) 순간을 위해 아껴둔 라면을 꺼냈다. 라면을 먹고, 그동안 저지른 '삽질 배틀'을 했다. 많이 웃었고, 삽질하는 사람이 나 혼자가 아니라는 위안도 받았다. 유스호스텔을 찾다 길을 잃었다는 사실을 까마득하게 잊었다. 삽질 모음을 떠들고 나니 배낭여행자로서 동지애도 생기고, 다시 걸어갈 힘도 솟았다.

쾰른역에서 유스호스텔을 찾아서 헤매는 사이에도 여행은 계속되었다. 헤매고, 돌아서, 쉬었다 목적지에 간다고 해서 여행이 중단되는 것이 아니었다. 길을 잃고 헤매는 '사이 시간'도 여행이었다. 오랜만에 라면으로 배를 채우고, 여행자의 본심으로 돌아가서 그런지 조바심이 거짓말처럼 사라졌다. 느긋해져 밤 9시가 되어서야 유스호스텔을 찾았다. 이 순간은 기억 속에 화석처럼 저장되어 있다.

자유여행에서 적어도 한 번은 길을 잃을 것이고, 기차는 연착할 것이고, 교통 체계가 낯설어서 목적지가 아니라 다른 역에 내릴 수도 있다. 날씨도 화창하지만은 않을 것이다. 바람도 불고, 비도 내리고, 흐리기도 할 것이다. 한 도시를 꼼꼼하게 둘러보려고 계획했는데, 동선이 뒤죽박죽 얽혀서 계획했던 것의 반도 못 보기 쉽다. 이런 일은 비일비재하다. 이 여행은 실패한 것일까? 여행을 과연 성공과 실패로 나눌 수 있을까? 성공한 여행이란 무엇이고 실패한 여행의 기준은 무엇일까?

효율성을 극대화하려는 본능은 여행을 성공과 실패라는 이분법적 시선으로 보는 데서 비롯되는 건 아닐까? 효율성을 극대화하는 여행이라면 단연코 패키지여행이다. 패키지여행은 할 일 없이 빈둥거리는 시간을 허락하지 않는다. 대체로 이른 아침에 모이고, 길을 찾거나 헤매는 시간을 용납하지 않는다. 알고 있는 일정표대로 착착 진행된다. 식사 시간도 한 시간 남짓이다. 밥 먹고 나면 다음 장소로 이동하느라 바쁘다. 가이드는 다음 일정을 알리며 버스에 탈 것을 채근한다. 삽질을 허락하지 않고, 하루에 많은 곳을 둘러보는 패키지여행을 성공적이라고 말할 수 있을까? 삽질 없이 매끄러운 하루를 보내고 저녁에 호텔에 들어가면 무언가에 쫓긴 기분이 든 같은 적은 없었나?

자유여행에서 여행을 기획하고 이끌어가는 사람은 바로 나다. 평소에 혼자 결정하고, 혼자 무언가를 해본 적이 없으면 자유여행은 무척 버거울 것이다. 목적지를 정해도 여러 가지 선택지가 앞에 놓여 있는 탓이다. 무수한 선택을 해야 하고, 그 선택이 최선이 아니고, 때로는 잘못된 선택인 것을 확인하는 일이 여행 준비이고, 여행이다. 하나를 선택하는 것은 나머지 선택지를 버리는 일이다. 이럴 때마다 흔들리고 갈팡질팡한다.

여행지 시스템을 모두 정확히 알고 계획을 세우는 일은 처음부터 불가능하다. 여행을 마치고 돌아오면 늘 아쉬움이 있다. 미처 못 간 곳이 있기 마련이고, 못 먹어본 로컬 음식이 있다. 괜히 신경이 예민해져서 쓸데없는 데 집착했던 까칠함도 반추하고, 후회할 때도 있다. 계획대로 흘러간 날에는 오히려 횡재한 기분이 든다. 예상치 못한 일은 언제나 일어나기 마련이다. 횟수가 많은지 적은지가 다를 뿐이다. 이럴 때 이번 여행은 망했어, 하며 제대로 준비를 못 했다고 자책하고 우울해할 것인가? 아니면 이런 멍청한 일을 저지르다니, 역시 나다워, 하고 웃어넘길 것인가? 우울해할지, 웃어넘길지는 내 몫이다.

동생과 오사카에 갔을 때였다. 저녁 먹은 후 호텔로 들어가서 밤 10시

쯤 자려고 누웠다. 호텔에 들어온 후 가방을 정리할 때 카메라를 보지 못
한 게 갑자기 떠올랐다. 벌떡 일어나서 가방을 뒤졌다. 불행한 예감은 틀
리지 않았다. 헐레벌떡 옷을 입으며 언제 마지막으로 카메라를 보았는지
기억을 더듬었다. 지하철을 타고 다시 저녁 먹었던 식당으로 향했다. 식
당에 두고 왔는지 확신이 없었지만, 호텔로 돌아오기 전 마지막 방문지가
식당이었다. 카메라에는 며칠간의 내 기록이 담겨있었다. 현금을 잃어버
린 것보다 더 암담했다. 어깨를 축 늘어뜨리고 식당에 들어가자 식당 직
원이 나를 먼저 알아보고 "카메라"를 외쳤다. 순간 세상이 반짝반짝 빛났
다. 직원에게 카메라를 건네받으며 몸을 90도로 접으며 "아리가또 고자
이마스"를 연발했다. 카메라를 찾고 나니 낯설기만 했던 오사카의 밤거
리를 밝히는 불빛이 말을 걸어오는 것 같았다. 이왕 이렇게 나온 거, 밤거
리를 구경하면서 호텔까지 걸었다. 낮의 오사카 거리가 햇빛 아래 빛났다
면 밤거리는 영업 중인 가게들의 간판으로 빛났다. 카메라를 식당에 두고
온 삽질이 아니었다면 흥미로운 오사카의 밤을 탐험하지 못했을 것이다.

카메라 사건 이후로 식당에 들어가면 카메라, 스마트폰, 모자 등등 테이
블 위에 물건을 올려놓는 대신 가방에 넣는다. 밤에 식당에 다시 달려가
는 삽질을 통해 조심하는 기술을 익혔다. 삽질할 때는 즐기고, 삽질한 후
에는 똑같은 삽질을 반복하지 않도록 조심하면 된다. 삽질을 통해 '내지르
기'와 '신중함'을 기를 수 있다. 두 가지 다 살아가는 데 필요한 기술이다.
예상치 못한 삽질을 하나의 여정으로 받아들이자. 삽질은 여정 곳곳에 매
복해 있다 존재감을 드러내서 친해지지 못하면 자유여행은 짜증과 두려
움으로 가득한 기억으로 남기 쉽다.

짜증과 두려움을 혼동하고 있지는 않은지 아래 테스트로 구별해 보자.

1. 마트에서 원하는 물건을 단번에 못 찾으면 두려움/짜증

2. 말이 안 통해서 가려던 목적지에 겨우겨우 도착하면 두려움/짜증

3. 찜해 둔 맛집을 찾느라 시간을 보냈을 때 두려움/짜증

4. 식당에서 주문한 음식이 입맛에 안 맞을까 봐 두려움/짜증

5. 악천후 때문에 돌아다니기 두려움/짜증

6. 혼자 있는 시간이 두려움/짜증

7. 계획한 일정대로 하루를 보내지 못해서 두려움/짜증

8. 카메라, 스마트폰, 신용카드 등등 중요한 물건을 잃어버릴까 봐
   두려움/짜증

나는 겁이 많은 사람인가, 단순히 짜증이 많은 사람인가?

▌ 짜증을 줄이면 여행에서 삽질뿐 아니라 일상에서 저지르는 삽질도 즐길 수 있다.

소매치기에 대처하는
여행자의 자세

　해외여행을 준비하면서 꼭 만나게 되는 정보 중 하나는 소매치기 이야기이다. 소매치기를 당한 사람의 후기를 읽으면 두려움의 씨앗이 싹트고 점점 자라서 거대한 하나의 숲으로 변한다. 여행지에서 소매치기를 겪은 경험자의 서술에 대한 절대적 관점을 믿고, 낯선 곳에 대한 상상력이 더해져 깊은 숲에 한 번 들어가면 헤쳐 나가기 힘든 정글이 되어 버린다. 두려움은 걷잡을 수 없는 불길이 되어 활활 타올라 좀처럼 끄기 힘들다. 콜럼버스 시대에 탐험을 떠나는 이는 한정되어 있었고, 소수만이 미대륙을 밟았다. 미대륙을 밟은 소수가 보고 느낀 것을 적은 책이, 사실인 것처럼 알려져서 '야만인' 개념이 태어났다. 원주민은 열등한 종으로 묘사되는 왜곡된 시선이 자리 잡았다. 소매치기 이야기도 이와 마찬가지다.

　소매치기나 도둑은 어느 나라, 어느 도시에나 존재할 수 있다. 안전하다고 느끼는 감정은 주관적이다. 요즘 한국에서 식당이나 공공장소에 휴대전화나 지갑을 두고 오면 다시 찾을 수 있다. 한국은 사람들이 다가와서 주머니를 털어가지 않는 안전한 곳이다. 하지만 배낭여행자의 바이블 『론리 플래닛』 서울 편을 보면 으슥한 골목을 주의하라고 적혀있다. 게다가 한국은 세계에서 유일한 휴전 중인 분단국가이다. 종전이 아닌 휴전 중이라는 말은 언제든 전쟁이 일어날 수 있다는 뜻을 담고 있다. 외국인에게 한국 여행은 전쟁의 현장으로 뛰어드는 것처럼 위험하게 보일 수 있다. 우리는 북한의 도발을 종종 보고 휴전 국가라는 사실을 상기한다. 북한이 한국에 미사일을 발사해도 TV 뉴스에서나 있는 일처럼 받아들인다. 낯선 곳의 현실과 상상 사이에는 이렇게 큰 틈이 있다.

여행지 정보 중 가장 많이 왜곡된 부분은 바로 소매치기이다. 소매치기를 당하는 사람보다 소매치기를 당하지 않은 사람이 수적으로 훨씬 많다. 소매치기 이야기를 하는 사람은 당연히 소매치기를 당한 사람들이다. 이들은 SNS에 자신의 경험을 적어 놓는다. 즉 우리는 소매치기당한 사람들의 이야기만을 읽게 될 확률이 아주 높아서 여행자는 모두 소매치기를 당한다는 오류에 빠진다. SNS에 올라온 소매치기 사건을 시리즈로 읽고, 거기에 우리의 상상력까지 더해져 곧 가게 될 여행지는 이제 세상에서 가장 위험한 도시로 탈바꿈한다.

혼자 파리 여행 계획을 세울 때였다. 광활한 인터넷 바다에서 소매치기 이야기를 한 번 읽으니 의심과 두려움이 꼬리를 물고 이어졌다. 소매치기란 키워드로 논문이라도 발표할 기세로 소매치기 유형은 다 찾아서 읽었다. 출발일이 다가올수록 긴장으로 심장이 쿵쾅거렸다. 지하철을 갈아탈 때 소매치기가 따라오면 어쩌지? 잔뜩 긴장해서 공항-호텔, 공항버스 정류장-호텔까지 택시비를 열심히 검색했고, 동선을 초 단위로 생각하기 시작했다. 알파고를 능가하는 집중력을 발휘해서 경우의 수를 늘어놓고, 소매치기 당할 확률에 대한 시뮬레이션을 머릿속으로 끊임없이 했다. 몹시 피곤했다. 내가 이러면서까지 여행을 가야 하나, 회의가 들었다.

다른 사람이 쓴 소매치기 경험담을 읽고 잠든 어느 날 밤, 꿈을 꿨다. 공항버스를 타고 파리 한복판에 있는 오페라 하우스에서 내렸는데, 소매치기들이 기다리고 있다가 내 캐리어 손잡이를 잡아채서 끌고 갔다. 다음날

아침, 잠에서 깨자 헛웃음이 났다. 내가 다른 사람이 겪은 경험담 일부에 얼마나 집착하고 있는지 보여주는 꿈이었다. 상상이 무의식까지 지배하고 있었다. 나는 SNS를 끊고 불길한 상상을 멈췄다. 드디어 파리 하늘 아래 내려 공항버스를 타고 오페라 하우스 정류장에서 내렸다. 주변을 두리번거리며 소매치기가 없는지 살폈다. 지나가는 사람들은 자기 길을 가느라 바빴고, 내 캐리어에는 눈길도 주지 않았다. 버스정류장에서 다시 지하철을 타고 예약한 호텔에 무사히 도착했다.

흉기나 무기로 무장한 강도가 활개 치는 도시가 아니라면, 소매치기 경험담을 늘어놓은 SNS를 끊자. 무장 강도가 거리에 돌아다니는 도시라면, 첫 자유여행 선택지에서 배제하는 게 낫다. 여행지에 소매치기가 없다는 말이 아니다. 관광객만 노리는 소매치기는 세계 대도시 어디에나 분명히 있다. 하지만 모든 여행자가 소매치기당할 거라는 전제는 터무니없다. 소매치기는 여행자가 부주의한 틈을 노린다. 특정한 사람, 특히 '나'를 노리는 게 아니다. 여행자는 낯선 도시에 도착하면 두리번거리기 마련이다. 길을 찾기 위해서, 이국적 풍경과 물건들에 끌려서, 두리번거린다. 런던 사람도 파리에 오면 눈동자를 활발하게 움직이며 고개를 이리저리 돌린다. 소매치기는 두리번거리는 사람, 즉 그 도시에 거주하지 않는 사람을 알아보는 전문가이다. 그럼 두리번거리지 않으면 될까? 불가능하다. 사람은 낯선 곳을 걸을 때 자신도 모르게 본능적으로 눈동자가 이리저리 움직이고, 고개는 끊임없이 좌우로 돌아간다. 조금만 관찰하면 비전문가인 우리도 여행자와 현지인을 구별할 수 있다. 그럼 어쩌라고?

몇 가지만 주의하면 소매치기가 접근해도 여행을 망치지 않고 물리칠 수 있다.

1. 대도시에서 가방은 반드시 앞으로 메는 게 좋다.

바르셀로나 같은 대도시에서는 소매치기가 웃으며 접근한다. 소매치기는 무언가를 훔치려는 의지보다는 습관적으로 가방에 손을 대는 것 같았다. 하루는 가이드북만 넣은 백팩을 멨다. 이날 열 번은 소매치기의 표적이 되었다. 백팩의 지퍼를 열려는 손의 움직임이 느껴져 뒤돌아볼 때마다 소매치기는 웃으며 미안하다는 말까지 남기며 멀어졌다. 백팩은 이렇게 소매치기를 끌어당기는 자석이다. 백팩에 중요한 것이 하나도 없어도 등 뒤에서 낯선 손길을 느끼면 깜짝 놀라게 된다. 여행자들 사이에 떠도는 우스갯소리가 있다. 앞으로 가방을 메면 내 가방, 옆으로 메면 공용 가방, 뒤로 메면 남의 가방이라는. 혼자 대도시를 여행할 때는 되도록 백팩을 안 메는 게 좋다. 소매치기를 유혹할 생각이 아니라면 말이다.

2. 스마트폰에 연결하는 줄이나 목에 거는 줄을 사용하면 좋다.

요즘 소매치기가 가장 노리는 것은 스마트폰이다. 스마트폰을 잃어버린 상상만 해도 끔찍하다. 스마트폰을 잃어버리는 것은 현금을 잃어버리는 것보다 더 큰 재난이다. 갤러리에 들어있는 많은 사진, 예약한 호텔 바우처와 입장권 QR코드가 모두 스마트폰에 저장되어 있다. 그뿐인가. 모든 인간관계가 스마트폰에 저장되어 있다고 해도 과장이 아니다. 한국에서 필요한 전화번호까지 송두리째 잃어버리는 대참사를 피하려면 주의

해야 한다.

바르셀로나의 한 버스정류장에서 현지인 할머니를 만났다. 그는 내 스마트폰에 달린 줄을 신박하게 보고, 파리에 갔을 때 경험담을 들려주었다. 지하철역에서 올라가는 에스컬레이터를 타고 통화하고 있었단다. 그때 내려가는 에스컬레이터에 있던 소매치기가 자신의 휴대전화를 채갔다고 한다. 휴대전화 줄이 있었다면 잃어버리지 않았을 거라며 아쉬워했다. 휴대전화에 달린 줄을 끊고 낚아채는 일은 드물지만, 붐비는 지하철이나 버스를 타면 스마트폰을 꺼내는 걸 자제하자. 견물생심이다. 보이면 목표물이 되기 쉬워 소매치기가 뒤따라올 수 있다. 주머니나 가방 속에 안 보이게 넣어둔 현금이나 스마트폰은 소매치기의 관심사가 아니다. 안 보이게 넣는 것이 중요하다. 주머니나 가방에서 슬쩍 보이기라도 하면 표적이 될 수 있다. 그들은 눈에 안 보이는 현금이나 스마트폰을 위해 수고하지 않는다. 신중한 사람이라고 판단하고 바로 포기해 버린다. 어려운 목표물로 보이면 다른 쉬운 목표물을 찾아가지, 나를 노리는 게 절대 아니다.

3. 현금과 여권은 가능하면 몸에 지니는 게 좋다.

요즘 여행경비로 신용카드를 많이 사용한다. 그래도 현금은 꼭 필요하다. 소액 결제를 할 때도 있고, 소도시에서 현금을 사용할 일이 생긴다. 대체로 호텔에 금고가 있지만 나는 거의 사용하지 않는다. 호텔을 믿지만 내 방은 내가 있을 때만 '내' 방이다. 내가 방에서 나가면 아침에 청소하는 직원이 드나든다. 청소하느라 문을 열어두기 때문에 내가 없으면 모두의 방이다. 호텔 직원이 금고를 지켜보고 있을 수는 없다. 흉기를 들고 다니는 강도를 만나지 않는 한 현금과 여권을 몸에 지니는 게 가장 안전한 방법이라고 말하고 싶다. 겨울에는 복대도 좋다. 요즘 복대는 얇고 착용감도 거의 없어서 복대가 내 배에 잘 있는지 만져봐야 할 정도로 진화했다.

내가 쓰는 방법은 그날 쓸 현금을 빼고, 나머지 현금은 비닐봉지에 넣어 운동화 깔창 밑에 넣는 것이다. 누군가 내 운동화를 벗기지 않는 한 현금은 안전하다. 여권은 가방 깊숙이 넣어두는 게 좋다. 나도 찾기 힘들 정도로. 나도 찾기 힘든데 소매치기가 어떻게 가져가겠나.

4. 캐리어는 소매치기의 작업 대상이 아니다.

캐리어에 귀중품을 넣는 사람은 거의 없기 때문이다. 하지만 잃어버리면 아쉬운 물건들로 가득하다. 옷(여행 중에는 빨랫감), 소소한 기념품, 면세품 등등. 이런 걸 노리는 소매치기기는 별로 없지만, 기차나 버스를 타면 짐을 놓는 곳과 내가 앉은 좌석이 떨어질 경우가 많다. 그럴 때 와이어 자물쇠로 캐리어를 묶어두면 와이어를 끊고 가져가진 않는다. 소매치기도 사람이다. 캐리어에 채운 와이어를 끊는다면 누군가 볼 것이고, 알려줄 거라고 믿자. 소매치기보다는 오히려 캐리어가 비슷해서 바뀌는 경우를 주의하자. 와이어로 묶어두면 이런 혼동으로 생기는 난감한 상황을 피할 수 있다.

5. 낮에도 으슥한 곳에는 혼자 가지 않는 게 좋다.

밤에는 조심하는데 낮에는 경계심이 낮아질 수 있다. 소매치기가 많이 활동하는 대도시에서는 낮에도 막다른 골목 같은 외진 곳을 피하자. 소매치기는 여행자처럼 위장해서 배낭 메고 손에 지도나 관광 리플릿을 들고 있다. 내가 한눈을 팔면 서서히 좁혀오다가 눈이 마주치면 갑자기 주위를 두리번거리며 여행자 흉내를 낸다. 이 유형의 소매치기는 삼삼오오 무리 지어 활동한다. 낮이라도 후미진 골목에서 무리에 둘러싸이면 낭패다. 미리 조금만 주의하면 된다. 호루라기를 가지고 다니다 위급한 상황에서 불어도 좋다.

글만 읽으면, 영혼이 가출할 정도로 피곤하게 느껴진다. 이렇게까지 주의하면서 여행을 가야 하는지 반문할 수 있다. 그렇다면 다 필요 없고, 기본적 주의사항만 지키면 된다. 너무 예외적인 경우를 다 수렴해서 소매치기가 없는 도시는 없다고 과장하지 말았으면 좋겠다. 지방 소도시에서는 가방을 뒤로 메도 거의 아무 일도 없다. 사건, 사고에만 집중하는 비관적 시선은 선입견을 만들고 그 나라의 문화를 제대로 받아들이는 것을 막는 방해꾼이다.

캐리어 속
미니멀 라이프

살아가는 데 필요한 물건은 얼마나 될까? 거실을 둘러보면 많은 물건이 자연스럽게 자리 잡고 있다. 거실 한쪽을 차지하고 있는 전자 피아노가 눈에 들어온다. 뚜껑도 안 열어본 지 몇 년이 흘렀지만, 비싸게 주고 샀다는 이유로 아까워서 품고 있다. 얼마 전 헤어드라이어를 바꾸고 전에 쓰던 것은 필요할지도 모르니까 소중히(?) 보관하고 있다. 여행 가서 공수한 자잘한 기념품은 추억이 방울방울 스며있어서 치우지 않고 비닐봉지 속에 뒤죽박죽 섞여 책상 위에 몇 달째 방치되어 있다. 물건마다 소유할 합당한 이유를 붙여서 간직하다 보니, 집의 한정된 공간은 점점 물건 차지가 된다. 우리는 언제부터 많은 물건에 인심 좋게 자리를 내어주었을까? 언제부터 많은 물건이 없으면 불편해서 못 살게 되었을까?

짐을 싸려고 캐리어를 펼치고, 물건의 쓸모에 대해 갈팡질팡한다. 캐리어가 허락하는 공간은 제한적이다. 캐리어 속 짐은 집안에 붙박이로 존재하는 물건들과 달리 이동이 필요하다. 도시 간 이동을 하는 여정이라면 캐리어를 풀었다가 다시 싸야 한다. 챙겨 갈 물건은 넘친다. 캐리어가 크면 클수록 짐은 늘어나기 마련이다. 헤어드라이어는 내 것이 편한데, 치약, 샴푸, 린스 등 세면도구, 화장품은 모자라지 않을까? 선이 긴 콘센트 하나쯤은 필요할 텐데. 자질구레한 것들에 집착해서 머릿속은 얽히고 꼬인 전선 같다. 없으면 불편할까 봐 모두 필수품처럼 여겨진다. 이것저것 담다 보면 캐리어는 점점 부풀어 올라 지퍼가 닫히질 않는 지경에 이른다. 가방을 다시 풀고 매의 눈으로 살피지만, 뺄 것이 없는 것처럼 보인다. 뭐가 문제인지, 한숨이 나온다. 머릿속에서 캐리어를 풀고 다시 싸는 쳇바퀴를 돈다.

짐 꾸리기는 미니멀 라이프를 체험할 기회이다. 지름신과 맞짱 뜨는 이에게 갈채를 보내는 시대에 소비를 줄이는 게 여행이라니? 적게 사고 적게 쓰는 미니멀 라이프는 소비주의에 맞서는 적극적 저항이다. 일상생활 속으로 미니멀리즘을 끌어오기 위해서 축적된 경험이 필요하다. 미니멀 라이프 초보자에게 미니멀리즘은 형태만 다른 소비를 부추긴다. 가지고 있던 물건을 다 버리고 미니멀 라이프용 물건을 새로 사곤 한다. 꼭 필요한 것만 곁에 두고 살면서 소비를 줄이는 라이프 스타일이 변질된다. '소비를 줄이기 위한 소비'라는 모순이 펼쳐진다. 여행은 이런 모순을 저지르지 않고 미니멀 라이프를 연습할 좋은 기회이다.

꼭 필요한 게 무엇인지 큰 틀에서 생각해 보자. 필수품과 없으면 불편해서 가져갈 것, 불편해도 참을 수 있는 것으로 분류해 보자. 불편하지만 참을 수 있는 것을 '빼기 위해' 리스트를 적어보면 좋다. 필수품은 없으면 안 되는 것이고, 현지에서 사기 곤란한 것이다.

1. 옷

옷은 여행지에서 살 수도 있지만 가져가야 할 목록 1순위이다. 여행 기간에 따라, 날씨에 따라 챙겨갈 옷이 달라지겠지만, 옷은 두세 벌이면 충분하다. 날씨를 예측할 수 없다면, 겹쳐 입을 수 있는 얇은 옷 여러 벌을 가져가는 것이 좋다. 두툼한 스웨터나 점퍼는 날씨가 더우면 짐이 된다. 특히 유럽 날씨는 여름에도 종잡을 수 없을 때가 많다. 추우면 껴입고, 더우면 벗을 수 있도록 얇은 옷 여러 벌을 챙기면 변덕스러운 날씨에 유연하게 대처할 수 있다. 추위와 더위를 방어할 수 있을 뿐 아니라 가방 무게와 부피도 줄일 수 있다. 경량 패딩은 여행자의 머스트 해브 아이템이다. 외투 속에 입을 수도 있고, 낮에 기온이 올라가면 벗어서 가방에 쏙 넣고 다니다 해가 지면 꺼내 입기 좋다. 여행자는 이동해야 하는 유목민이어서 옷도 짐이 된다. 짐이 무거우면 쉽게 지친다.

짐을 싸고 풀기를 반복하면서 알게 된 사실이 있다. 캐리어 속 옷도 옷장에 걸린 옷의 운명과 똑같다는 것이다. 인생 사진에 욕심내서 캐리어가 터질 정도로 옷을 챙겨가도 입는 옷만 입는다. 안 입던 옷은 여행지에서도 안 입는다. 버리기 아까워서 보관만 했던 옷을 캐리어에 넣어 가는 경우가 있는데, 그러면 반드시 후회하게 된다. 아침저녁에 출퇴근하는 현지인들은 단정하고 깨끗하게 차려입는다. 그 틈에 마음에 안 드는 옷을 입고 대중교통을 타거나 거닐면 기분이 후줄근해져 얼른 숙소로 돌아가고 싶어진다. 결국 현지에서 급하게 옷을 사고, 집에 오면 안 입을 확률이 높다. 이런 옷은 본전 생각나서 옷장만 차지하는 관상용 쓰레기가 된다. 이런 실수를 피하려면 평소에 즐겨 입고 좋아하는 옷을 가져갈 것을 추천한다.

2. 속옷과 양말

속옷과 양말은 넉넉하게 가져가자. 적게 가져가면 매일 저녁 빨아야 한다. 내 경우에는 두 주 이상의 장기여행일 때는 일주일 치 속옷과 양말을 가져간다. 모았다가 한꺼번에 빨거나 세탁기를 사용할 수 있으면 세탁기에 돌린다. 속옷의 소재나 사이즈는 겉옷과 달라서 현지에서 내 체형에 맞는 걸 찾기 쉽지 않다. 양말 역시 한국산 양말이 가격 대비 품질도 좋다. 부피와 무게를 많이 차지하지 않으니 넉넉히 가져가면 현지에서 불필요한 지출도 줄이고, 사려고 돌아다니는 수고를 피할 수 있다.

3. 신발

신발은 여행의 전반적 질에 막대한 영향을 끼친다. 옷보다 더 중요하다. 편하고 익숙한 신발이 최고다. 여행자는 평소에 출퇴근만 반복하는 단순한 이동 경로에서 완전히 이탈한다. 아무리 교통수단을 이용해도 하루에 걷는 거리와 걸음 수는 평상시보다 훨씬 많다. 신발이 불편해서 발이 아프면 여행을 망치게 된다. 예쁘고 편한 신발을 신는 게 최고지만, 예쁜 것과 편한 것 중에 골라야 한다면 편한 것에 한 표 던진다. 그래도 예쁜 신발의 '간지'를 포기할 수 없다면 여분으로 챙기는 게 좋다. 적게 걷는 날이나 기분 전환하고 싶을 때 한 번씩 신는다고 생각하면 좋다.

4. 비옷

비옷은 없으면 우산으로 대체할 수 있다. 심한 비바람만 아니면 비옷이 꼭 필요하진 않다. 여행자는 비바람이 불어도 바깥 활동을 계속하는 경우가 많다. 비 오는 날 바람이 불면 우산이 뒤집어지는 경우가 종종 있다. 이럴 때 우산은 무용지물이다. 유럽에서 비가 오면 바람까지 불 때가 많아서 우산이 제 기능을 못 한다. 우산이 뒤집어져 우산살이 부러지거나 우산을 써도 비를 막지 못하곤 한다. 이런 경우에는 우산보다 비옷이 유용하다.

5. 세탁세제와 세면도구

세탁세제나 세면도구, 휴대용 휴지 등은 여행지에서 손쉽게 구할 수 있다. 단기여행자는 준비할 필요 없는 것들이지만, 일주일 이상의 장기여행자에게는 필요하다. 한두 번만 쓰면 되는데 현지에서 사기 애매한 것들이다. 일회용 세제를 구할 수도 있지만, 그렇지 못할 때가 더 많다. 세제는 비싸진 않지만, 일회용을 구하기 쉽지 않을 경우가 많다. 한두 번 쓸 만큼만 미리 덜어 챙겨 가면 불필요한 지출을 줄일 수 있다.

6. 스마트폰 줄과 복대

소매치기가 극성인 대도시에 간다면 스마트폰 줄과 복대도 필수품 목록에 넣는 게 좋다. 요즘은 가볍고 성능 좋은 제품이 많다. 스마트폰 줄은 잡아당기면 늘어나서 사진을 찍고 지도를 보는 데 편리하다. 복대 역시 얇고 튼튼한 제품들이 많아서 옷 안쪽에 메면 아무도 모를 정도로 감쪽같다.

7. 이밖에 없으면 불편해서 가져가면 좋은 것에는 뭐가 있을까?

손톱깎이 같은 것일 수 있다. 현지에서 살 수 있지만, 일주일 이상 여행할 때 없으면 불편해서 꼭 챙겨간다. 사람 사는 곳이고 오지가 아니면 웬

만한 건 다 살 수 있다. 현지에서 사는데 별로 비싸지 않은 것을 굳이 가져갈 필요 없다. 여행지에서 막상 필요하지 않을 수도 있고, 문화나 날씨가 달라서 한국에서는 필수품인 것이 여행지에서는 짐만 되는 수도 있다.

없으면 불편하지만 참을 수 있는 것은 가장 주관적이고, 개인적인 카테고리이다. 사람마다 포기할 수 있는 것과 포기할 수 없는 것이 다르다. 그 사람의 습관과 취향이 필요한 물건과 포기할 수 없는 물건을 나눈다. 짐 목록을 적어보고 포기할 수 있는 것인지 한번 생각해 보자.

4박 6일 일정으로 친구와 파리에 간 적이 있다. 친구는 헤어드라이어를 가져왔다. 호텔에는 헤어드라이어가 비치되어 있었지만, 친구는 '자신만의 익숙한' 헤어드라이어 바람을 포기할 수 없다고 말했다. 나는 호텔에 있는 헤어드라이어 바람이 마음에 안 들어도 여행자로 사는 동안 참을 수 있다.

이런 식으로 참을 수 있는 것과 참을 수 없는 것을 구별해서 그 이유를 생각해 보면 가방에 넣을 물건 목록이 나올 것이다. 짐을 싸기 전에 먼저 리스트를 작성하고, 없으면 참을 수 있는 것과 참을 수 없는 것을 선별해 보자.

여행은 불편을 기꺼이 받아들이고 즐기기로 작정한 활동이다. 집 떠나면 고생이라는 말은 참인 명제이다. 가장 편하고 안락한 곳으로 집만 한 곳이 없다. 홈 스위트 홈 아닌가. 그럼 뭐 하러 돈 써가면서 불편한 환경에 노출되나? 맛있는 거 먹으면서 집에서 TV 리모컨과 사랑을 나누는 사람이 있다. 반면에 여행이라는 자발적 고생 속에서만 얻을 수 있는 감정과 사랑에 빠지는 사람도 있다. 떠나는 횟수가 늘면 여행도 하나의 기술

영역으로 진입한다. 필요한 것과 필요하지 않은 것을 구별하는 현명한 짐 싸기 기술을 습득할 수 있다.

여행을 통해 불편과 친해지면, 일상의 불편을 다른 관점으로 해석할 지혜를 얻는다. 수렵채집 시대와 같은 유목민이 될 수는 없겠지만, 짐 싸기 기술은 적게 소유하는 유목민의 정신을 이해할 기회가 된다. 살아가는 데 필요 이상의 것에 집착해 온 것을 깨달을지도 모른다. 무소유의 경지에는 이르지 못하더라도 많이 소유하려고 아등바등 사는 자신의 모습에 화들짝 놀라 조금 뒤로 물러설 수 있을지도 모른다.

다음 목록을 채워보자.

없어도
참을 수
있는 것

없으면
참을 수
없는 것

98 어서 와, 혼자 여행은 처음이지?

유레일패스의
QR코드는 어디에?

"여행하면서 가장 좋았던 곳은 어디예요?"

가끔 이런 질문을 받곤 한다. 그러면 나는 주저 없이 공항이라고 대답한다. 많고 많은 곳 중에서 왜 공항인가? 공항은 일상 탈출이 실현되기 바로 직전의 장소이다. 짐을 부치고 검색대에 줄을 서는 순간, 떠나는 걸 실감하게 된다. 비행기 탑승 시간을 기다리며 게이트 앞에 앉아 있는 시간에 여행의 흥분은 최고조에 달한다. 익숙한 것에서 이탈하는 가벼운 들뜸과 긴장감이 뒤섞인다.

비행기의 좁은 공간에서 비몽사몽 하다가 다른 나라의 공항에 발을 내디딘다. 떠남과 도착이 교차하는 공항에서 외국어로 쓰인 표지판이 나를 맞이한다. 입국심사를 마치고 짐을 찾아서 나오면 어질어질하다. 의지할 건 낯선 글자와 방향을 알리는 화살표가 쓰인 이정표이다. 나라마다 화살표 표기법도 달라서 시내로 들어가는 버스나 기차를 타려고 이리저리 왔다 갔다 한다. 첫 관문은 공항에서 시내로 들어가는 일이다. 인천공항이라면 익숙한 일이 왜 헤쳐 나갈 모험처럼 여겨지는 걸까? 낯선 것에 대한 노출 횟수가 적어서 심리적으로 위축되기 때문이다. 가슴을 펴고 모르면 물어보고 물어볼 자신이 없으면 눈치를 보면 된다. 우리에게는 만국 공통어인 든든한 보디랭귀지가 있다.

프랑크푸르트에서 암스테르담에 갔을 때였다. 한국에서 유레일패스를 구입하고 독일철도청 앱으로 좌석을 예매해서 암스테르담 중앙역에 예정대로 잘 도착했다. 내가 나갔던 출구는 중앙 출구가 아니라 아마도 뒤쪽 출구였던 것 같다. 무인 시스템으로 기차표의 QR코드를 개찰구에 대면 우리나라 지하철 개찰구처럼 문이 열렸다. 하지만 내가 가진 유레일패스에는 아무리 찾아도 QR코드가 없었다. 무인 시스템이라 역무원이 없어서 물어볼 수가 없었다. 플랫폼에서 쏟아진 사람들은 바람처럼 빠져나갔다. 바쁘게 빠져나가는 한 사람을 다급하게 붙잡고 물었다. 그는 자신의 표에 있는 QR코드를 보여주면서 QR코드를 찍으라고 말하고는 1초가 아까운 것처럼 플랫폼을 빠져나갔다. 나는 우리에 갇힌 다람쥐처럼 출구와 출구 사이를 오갔다. 나 말고 모든 사람이 QR코드가 있는 기차표를 가지고 있었다. 유레일패스에 만약 QR코드가 없다면 역무원이 상주하는 창구가 있어야 해, 하는 논리로 나를 설득했다. 분명히 어딘가에 QR코드가 있는데 내가 못 찾은 걸 거야, 하고 다시 찬찬히 유레일패스를 살펴보았다. 두둥.

유레일패스의 QR코드는 유레일패스 커버 뒷면, 눈에 안 띄는 왼쪽 아래에 있었다. 발견하고 나니 QR코드 아래 '네덜란드에 가면 이 QR코드를 이용하세요.'라는 친절한 안내문이 숨은그림찾기처럼 있었다. 헛웃음이 났다. 거의 20분 동안 도토리를 빼앗길까 봐 전전긍긍하는 다람쥐처럼 왔다 갔다 했는데 유레일패스 '커버'에 QR코드가 버티고 있었다니. 마침내 나도 중앙역을 빠져나올 수 있었다.

QR코드를 왜 못 봤을까? QR코드는 상식적으로 유레일패스에 있어야한다는 내 고정관념 때문이었다. QR코드는 패스 커버 뒷면에도 있을 수있다. 다른 나라로 여행은 의심할 여지 없는 시스템에서 당연하지 않은 시스템으로 이동하는 것이다. 나라 간 이동, 도시 간 이동은 낯선 시스템 속으로 끊임없이 자신을 내던지는 것이다. 그래서 이동은 스트레스를 약간동반한다. 처음 가는 도시의 교통 시스템을 완벽히 이해하고 준비하는 것은 불가능하다. 예상하지 못한 상황에 종종 놓인다. 연착은 빈번하고, 갑작스러운 운행 취소도 있다. 이런 변수는 여행자가 아무리 꼼꼼하게 준비해도 통제할 수 있는 문제가 아니다.

암스테르담에서 프랑크푸르트로 다시 돌아올 때도 한바탕 소동이 있었다. 프랑크푸르트에 저녁에 도착하는 직행 기차를 탔다. 지인과 잠시 동행중이어서 맥주 한 잔 마시면서 여행의 흥분을 나눈 후 입을 벌리고 곯아떨어졌다. 한참 꿀잠에 빠져있는데 누군가가 나를 흔들어 깨웠다. 기차안은 비어있었고, 미처 못 내린 승객 몇몇이 내리고 있는 모습이 눈에 들어왔다. 나를 깨운 승객은 프랑크푸르트로 가려면 지금 내려야 한다고 말해주었다. 기차에 문제가 생긴 것 같았다. 부랴부랴 외투를 입고, 캐리어를 찾아서 잠이 덜 깬 채 내렸다. 어둡기도 하고, 잠도 덜 깨서 내가 어느역에 있는지 알 수 없었다. 사람들이 향하는 곳으로 무작정 따라갔다. 플랫폼 입구에 역무원이 있었다. 사람들이 그를 둘러싸고 비슷한 질문을 퍼

부었다. 얼떨떨했고, 내 차례를 기다린 후 프랑크푸르트로 가는 법을 물었고, 어느 플랫폼에서 기차를 타는지 알게 되었다. 원래 도착 예정 시간보다 1시간 30분 늦은, 밤 10시 30분에 프랑크푸르트에 도착했다. 이런 일은 언제든 일어날 수 있다. 유럽 여행할 때마다 한 번은 꼭 겪는다.

이럴 때마다 불편을 수용하는 태도에 대해 배운다. 함께 탑승했던 지인은 철도청에 항의해서 환불받아야 한다고 말했다. 암스테르담에서 프랑크푸르트까지 직행 기차표를 샀는데 기차에 문제가 생겨 갈아타는 불편함을 겪었으니 말이다. 한국에서 이런 일이 있으면 어떨까? 아마 뉴스에 대대적으로 보도가 될 것이다. 기차 운행 중단으로 승객이 겪는 불편함을 보도하면서 분통을 터트리는 시민을 인터뷰하는 장면이 방송될 것이다. 이 프레임은 실수를 타자화해서 분노를 표현하는 방식이다. 우리는 이 프레임에 익숙해져 무의식중에 '갑질'을 한다. 갑작스러운 사정으로 기차 운행이 중단되면 철도청 직원들은 승객들보다 더 당황스럽고 불편할 것이다. 다른 나라를 여행하면서 기차 연착이나 운행 취소에도 차장이나 역무원에게 호통치는 사람을 본 적이 거의 없다. 승객들은 직원의 안내에 따라 조용히 대체 열차를 기다린다. 예고 없는 불편에 대해 한국에서 보던 풍경과 달랐다.

승객들은 어째서 불편함을 기꺼이 감수하는 걸까? 상대의 입장에 대한 이해와 공감이 아닐까? 5G급 속도 문화에서 우리는 서비스가 조금 느리거나 불편하면 전적으로 상대의 책임으로 몰아붙이는 경향이 있다. 여행을 통해 당연한 시스템은 없는 것을 깨닫는다. 시스템은 사람과 관련되어 있고, 언제든지 오류가 날 수 있다. 시스템이 오류가 날 때, 그 오류를 타자화해서 비난하는 위치에 서지 말 것을 배운다.

요즘은 구글 지도와 각 나라의 교통수단 앱이 실시간 정보를 거의 정확하게 알려줘서 예상하지 못한 상황이 현저하게 줄었다. 반갑지 않은 이런 변수와 마주치지 않으면 행운이지만, 행운의 여신은 변덕쟁이다. 현지의 교통 정보를 한국에서 완벽하게 준비할 수는 없다. 꼼꼼한 준비는 낯선 교통수단을 이용하기 위해 필요하지만, 현지에서 다시 확인해야 착오가 없다.

Chapter **3**

Smart Travel
디지털 시대의 여행 기술

자신이 무엇을 좋아하는지 모르겠다면 먼저 집 밖을 나가 지하철이나 버스를 타고, 낯선 동네에 가서 반나절을 보내보자. 그 동네에 있는 한 카페에 들어가 커피를 마셔도 좋고, 그냥 골목을 걸어 다녀도 좋다. 누가 정해주는 게 아니라 마음이 시키는 대로 해 보고 조용히 주변을 관찰하고, 자신의 내면을 관찰한 후 어떤 느낌이 드는지 적어보자. 자신이 휴양형인지 활동형인지 알아낸 후 여행지를 정하도록 하자.

나만의 여행지 정하고
저렴한 항공권 구하기

　자유여행을 떠나기로 마음먹었다. 어디로 갈까? 가고 싶은 곳이 있다는 것은 그곳에 대해 어떤 정보를 가지고 있다는 말이다. 어디에선가 본 장소를 떠올릴 것이다. 광고, 영화, 드라마, SNS 등등. 이러한 매체는 한 도시의 일부를 가장 아름답게 담아서 퍼뜨린다. 우리는 그 모습에 매혹되어 그곳에 가기를 꿈꾼다. 미디어에 담긴 도시의 모습은 사람들의 욕망이 반영된다. 최고의 날씨에 담긴 약간 과장된 아름다운 모습을, 우리는 본다. 드라마에서 남녀 주인공은 자연인의 모습이 아니다. 배우로서 극 중 캐릭터를 연기하면서 가장 근사한 모습을 보여준다. 드라마나 영화에서 배경이 되는 도시가 카메라에 담길 때도 마찬가지다. 배경이 되는 도시는 극을 잘 전달하기 위한 서사 요소 중 하나인 동시에 시청자들의 흥미를 끌기 위해 미화되기도 한다. 이 모습에 판타지를 투영해서 목적지를 정하면 실망이 클 것이다.

파리에 있는 '사랑의 벽'은 영화 「사랑해, 파리」의 배경으로 나와 힙한 포토 스폿이 되었다. 이 영화는 사랑의 찰나를 다룬다. '사랑의 벽'을 스크린에서 보면 잃어버린 사랑도 돌아오고, 없는 사랑도 생길 것 같은 오라가 있다. 이미지에 매혹되어 사랑의 벽을 버킷리스트에 넣어둔다. 실제로 가 보면, 지하철 입구를 빠져나가자마자 보이는 작은 벽이다. 그냥 벽에 타일을 붙여서 '사랑해'를 세계 각 나라말로 적어 놓았다. 영화 속 공간을 현실에서 직접 보면 영화에서 느꼈던 감동이 일치할 수도 있고, 그렇지 않을 수도 있다. 영화 속 공간이 특별한 공간으로 남으려면 영화 바깥에서 나만의 이야기를 찾아야 한다. 이 여정은 다행인지 불행인지 여행자의 몫으로 남겨진다.

주변 사람들은 다 가봤는데 나만 안 가봐서 대화에 끼어들지 못해서 소외감을 느낀 적 있는가? 나만 안 가봤다는 이유로 여행지를 정하는 건, 미디어를 보고 환상을 품는 것보다 더 안 좋다. 타인의 취향은 나의 취향이 아니다. 타인의 취향은 타인의 취향일 뿐이다. 미디어를 매개로 품은 환상은 적어도 자신의 의지가 반영된 것이지만, 다른 사람들 때문에 여행지를 선택하면 그곳의 진짜 모습을 영원히 발견할 수 없을지도 모른다. 어떤 도시에 가 보고 싶은 생각이 든다는 건 그 도시에 대한 호기심이 작동했다는 말이다. 왜 호기심이 생겼는지 곰곰이 생각해 보자.

루브르 박물관이나 오르세 미술관에 가 본 적 없으면 교양인이 아닌 것 같은 분위기에 휩쓸리지 말자. 한국에서 미술 전시회에 한 번도 안 가 본 사람이 루브르 박물관에 간다고 갑자기 없던 흥미가 솟아나지 않는다. 물론 그림에 전혀 열정 없이 갔다가 어떤 작품을 직접 보고 감동해서 그 후에 관심이 생겨 공부하기도 한다. 하지만 루브르와 오르세에 가서 인증 사진을 찍는 일회성 이벤트로 끝나고, 그곳에 다녀온 사람 대열에 합류해서 만족스럽다면 이 글을 읽을 필요도 없을 것이다.

평소에 자신이 무엇을 좋아하는지 관찰하는 시간을 충분히 보낸 후 여행지를 고르면 즐길 수 있는 확률이 높아진다. 평소에 집콕하는 걸 좋아하는 사람이 다른 나라에 가서 갑자기 활동적인 사람이 되는 경우는 특별한 경우다. 평소에 집 밖에 나가는 걸 즐기지 않는다면 낯선 도시에서 돌아다니는 것 자체가 엄청난 도전일 것이다.

집 밖, 나아가 직장과 집 근처 동네를 벗어나서 걸어보는 시간이 필요하다. "동네가 다 똑같지, 사람 사는 모습이 다 똑같지 별 거 있어?"라고 말하는 사람이 있다. 동네마다 골목마다 다른 모습을 발견하는 기쁨을 찾는데 소극적인 사람이다. 미세한 차이를 감지할 수 있는 관찰력을 먼저 계발하는 게 좋다. 관찰은 관심에서 나온다. 관심과 관찰은 대중적이고 진부한 여행지를 특별한 곳으로 만드는 비법이다. 다른 사람들은 볼 것 없다고 말해도 내게는 특별한 곳으로 거듭나서 혼자만의 비밀을 품고 돌아올 수 있다. 알랭 드 보통은 『여행의 기술』에서 '여행하는 심리는 수용적 태도에 있다'고 말한다. 이 태도는 낯선 장소에 겸손하게 다가가게 한다. 재미있다, 재미없다는 이분법적 사고에서 벗어나서 숨어 있는 재미를 발견할 수 있다.

평소에 활동적이지 않은 사람들은 한 장소에 머무르면서 휴식 같은 여행을 할 수 있는 여행지를 선택하는 게 좋다. 휴식에도 여러 종류가 있다. 호텔 밖에 나올 필요 없이 모두 호텔 안에서 해결하는 호캉스, 느지막이 일어나서 호텔 근처를 둘러보는 여정이다. 휴식이 아무것도 안 하고 먹고 자는 것이 아니다. 휴일에 느지막이 일어나서 아점 먹고, TV 조금 보다가 낮잠 자고 일어나면 어두워져 있었던 날을 떠올려 보자. 어떤 기분이 들었는가? 정신적 만족감이 들었는지, 자괴감이 들었는지. 휴식 여행은 먹고 침대에 누워 시체 놀이를 하는 게 아니라 자신만의 속도로 느리게 여행하는 것이다.

반면에 아침에 '여행 출근자'가 되어 부지런히 새로운 곳을 찾아다니길 좋아하는 사람은 휴양지가 지루할 것이다. 이런 사람에게는 구경거리 많고, 다양한 사람이 사는 도시가 적합할 것이다. 역사와 문화에 관심이 많은 사람은 박물관과 유적지가 많은 곳이 좋을 것이다. 평소에 역사와 문화에 전혀 관심 없고, 쇼핑과 마사지를 최고의 여행이라고 여기는 사람이 오랜 역사 도시에 가서 갑자기 문화에 관심이 솟아날까? 다른 나라 사람들이 사는 모습에 관심을 가질 수 있을까? 결국 여행지를 고르는 일은 사람이 살아가는 방식에 대한 애정 어린 시선에서 출발한다. 문화는 과거와 현재 그 도시 사람들이 살아가는 방식이 만들어낸 산물이기 때문이다.

자신이 무엇을 좋아하는지 모르겠다면 먼저 집 밖을 나가 지하철이나 버스를 타고, 낯선 동네에 가서 반나절을 보내보자. 그 동네에 있는 한 카페에 들어가 커피를 마셔도 좋고, 그냥 골목을 걸어 다녀도 좋다. 누가 정해주는 게 아니라 마음이 시키는 대로 해 보고 조용히 주변을 관찰하고, 자신의 내면을 관찰한 후 어떤 느낌이 드는지 적어보자. 자신이 휴양형인지 활동형인지 알아낸 후 여행지를 정하도록 하자.

여행지를 정했으면 그다음에 항공권을 예약해야 한다. 내가 추천하는 팁은 극성수기와 극비성수기 사이의 애매한 시기를 고르는 것이다. 가능하다면 극성수기와 극비성수기를 둘 다 피하는 게 좋다. 극성수기에는 항공료와 숙박비도 비싸고, 관광지에서도 예약 전쟁을 치러야 한다. 극비성수기에는 항공료와 숙박비가 저렴하지만 저렴한 이유가 있다. 관광지는 문을 닫고, 날씨도 안 좋다. 동남아의 비수기는 우기이고, 유럽의 비수기는 해가 빨리 지는 겨울이다.

애매한 시기에는 최상의 날씨는 아니지만 여행하기에 나쁘지 않다. 관광 물가도 극성수기에 비해 저렴하다. 숙소는 한정되어 있어서 성수기에 비싸고, 비성수기에 가격이 내려간다. 성수기 때는 비싸서 머물기 망설여지는 숙소에 할인된 가격으로 머무는 행운을 잡을 수 있다.

항공료도 정해져 있지 않고 여행객의 수요에 따라 바뀐다. '얼리 버드', 즉 빨리 예약하면 할수록 항공권에 드는 비용을 절약할 수 있지만, 몇 달 전에 휴가 일정을 정해야 하는 어려움이 있다. 항공사에서 보내는 메일을 받아보고 프로모션 기간을 활용하는 것도 하나의 방법이다. 이 역시 미리 휴가 일정을 알아야 하지만, 프로모션 기간에 직항을 좋은 가격으로 구매할 수 있다.

장기여행이라 시간 여유가 있고, 장시간 비행을 버틸 체력도 있으면 경유 항공권을 이용해도 좋다. 경유 항공편은 한 번 갈아타고 목적지에 도착하는 여정이라 이동 시간이 길다. 대신에 직항보다 저렴할 때가 많다. 이때 주의할 점은 경유지에서 비행기 갈아탈 시간을 적어도 두 시간 이상 여유를 두어야 한다. 두 시간이면 갈아타고도 남는 시간이지만, 두 시간이 채 안 되면 조금이라도 연착되거나 예상치 못한 일이 생기면 갈아탈 비행기를 놓칠까 봐 전전긍긍하게 된다. 시작부터 마음 졸이면 여행 내내 긴장하기 쉽다. 첫 자유여행이라면 차라리 시간이 남는 게 더 낫다는 걸 명심하자.

나에게 맞는 여행은 무엇인지 생각해 보자.

휴식형 여행자	여행 출근자

▐ 휴가의 꿀맛은 늦잠이지

▐ 시간 아까워서 조식 후 바로
  호텔 탈출

▐ 하루에 한두 군데만 가는 게
  여행이지

▐ 세상은 넓고 갈 곳은 많아

▐ 많이 걷고 싶지 않아,
  엉덩이가 무거워

▐ 많이 걸어도 괜찮아,
  튼튼한 두 다리야 부탁해

▐ 내가 생각하는 휴식형 여행은?

▐ 내가 생각하는 여행 출근자란?

길치여,
구글 지도 앱과 친해지자

몇 년 전 홍콩에 갔을 때 데이터 로밍 비용을 절약하느라 종이 지도를 들고 돌아다녔다. 길에서 만난 여행자들은 모두 휴대전화를 손에 들고 길을 찾았다. 종이 지도를 손에 든 사람은 나 혼자였다. 나는 아날로그 식 인간이라 여전히 종이 지도를 좋아한다. 구글 지도로는 도시 전체 지형을 파악하기 힘든데, 종이 지도에서는 도시 전체 혹은 적어도 구도심 전체를 한눈에 볼 수 있다. 아쉽게도 구글 지도가 세계를 접수한 후 관광안내소에서 구할 수 있는 지도와 자료가 적어지고 있다. 어떤 도시에서는 무료 지도를 아예 배포하지 않는다. 여행에도 디지털화는 거스를 수 없는 물결이다. 자의 반, 타의 반으로 구글 지도 앱을 이용하면서 신세계를 만난다. 여행안내서 없이 낯선 도시를 탐험하는 것이 가능해졌다.

바르셀로나 근교에 있는 소도시 토사 데 마르(Tossa de Mar)에 갔을 때였다. 한국 여행자의 발길이 드문 곳이라 정보가 거의 없었다. 기차역에 내렸더니 간이역 같았다. 내린 사람은 나를 포함해서 열 명 남짓. 어디로 가야 할지 몰라 역 주변에서 머뭇거리는 동안에 같이 내렸던 사람들이다 사라졌다. 다들 어디로 갔을까? 관광안내센터에서 구도심 지도를 얻고, 둘러볼 곳을 물어볼 생각이었는데 역 앞에는 작은 카페 하나만 있었다. 구글 지도 앱을 켜고 추천 지역을 눌렀다. 구글이 추천한 대로 걷다 보니, 토사 데 마르는 성곽이 있는 바닷가 마을이었다. 성곽에 올라서 성벽을 한 바퀴 돌면서 바닷가 마을 전경을 굽어보았다. 구글 지도는 고대 로마 시대로 거슬러 올라가는 이 마을의 성곽 역사까지 알려주었다. 난감했던 순간에 구글 지도는 길 안내자였고, 가이드북이었다.

지도를 볼 줄 모른다면 떠나기 전에 구글 지도 읽기를 연습하자. 길치라면 구글 지도와 친해져야 한다. 길 찾는 감각은 타고나는 것 같지만, 타고난 감각이 없어도 연습으로 어느 정도 극복할 수 있다. 나는 길치일 뿐 아니라 지독한 방향치라 멀쩡하게 구글 지도의 안내를 따라가다가 다른 길로 접어들 때가 종종 있다. 구글 지도는 길을 벗어나면 신호를 준다. 종이 지도를 들고 다닐 때는 언.제.나. 지도 밖으로 나갔고, 늘 헤맸다. 길을 지독하게 헤맬 때 나만의 비법이 있었다. 사실 안 헤매는 게 비법이겠지만, 안 헤매는 방법은 잘 모른다. 대신 헤맬 때 좌표를 찾는 법을 터득했다. 작은 도시라면 중앙역이나 버스터미널을 물어서 찾아갔다. 작은 도시에서 기차역이나 버스터미널은 등대이다. 디지털 시대에도 여전히 길을 잃고 다른 길에서 얼쩡거리곤 하지만, 구글 지도 덕분에 헤맨다고 말할 수 없을 정도다. 한국에서 아는 장소에 갈 때 일부러 구글 지도나 평소에 사용하는 지도 앱을 켜고 찾아가 보자. 운전할 때 내비게이션의 안내를 잘 따라갈 수 있으면 해외에서 구글 지도 보는 것도 문제없다.

현지인은 우리가 생각하는 것보다 길을 잘 모른다. 명동에서 남산 가는 길을 묻는 외국인을 만났다고 가정해 보자. 명동에서 남산 가는 방법을 잘 설명할 수 있을까? 명동에서 남산에 가 본 사람이라면 찾아가는 법을 잘 설명할 수 있다. 하지만 대부분 집이나 다른 곳에서 출발해서 남산에 간다. 명동에서 남산 가는 길을 알기 위해서 우리도 지도 앱의 도움을 받아야 할 것이다. 외국 도시에서도 비슷하다. 길은 구글 지도가 제일 잘 안다.

택시를 탈 경우에도 구글 지도는 유용하다. 택시를 이용할 때 승객은 운전기사를 믿고 전적으로 의존(?)해야 한다. 낯선 도시에서 길도 모르고 언어도 모르는 여행자에게 바가지를 씌우려고 일부러 돌아가는 운전기사를 만날 수 있다. 운전기사를 못 믿겠으면 구글 지도를 켜고, 구글의 안내 볼륨을 높여 내가 길을 확인하고 있다는 신호를 보내자. 내비게이션의 목소리만 들어도 운전기사는 바가지를 씌우지 못한다. 버스를 탈 때도 구글 지도는 훌륭한 길잡이다. 버스정류장과 현재 내 위치가 지도에 표시되어 내릴 정류장을 알려준다. 기술의 발전은 길 잃는 걸 허용하지 않는다. 아쉬운 점은 스마트폰에서 눈을 뗄 수 없어서 주변 풍경보다 스마트폰을 더 열심히 보게 되는 것이다.

여행 계획이 없어도 구글 지도를 가지고 놀자. 지도 앱에는 별표로 저장하는 기능이 있다. 가고 싶은 도시, 카페, 미술관, 식당, 체험해 보고 싶은 액티비티 등이 생기면 구글 지도의 별표 기능을 이용해 보자. 어디든 상관없다. 별이 쌓일수록 갈 곳이 많아진다. 별표로 저장한 곳에 다 갈 수 없지만, 별을 많이 가지고 있는 것만으로도 주머니가 두둑해진 것 같다.

여행이 고프지만 떠날 수 없을 때면 구글 지도에 표시된 별을 보고, 그 도시의 숙소를 검색해서 하트를 눌러 저장해둔다. 가고 싶은 도시의 숙박비를 가늠하면서 예산이 얼마나 필요한지를 계산해 보기도 한다. 떠나지 않고 여행하는 방법이다. 나는 주로 책을 읽다가, 영화를 보다가 매혹적인 장소를 만나면 궁금하다. 얼른 구글 지도에서 찾아본다. 어느 나라에 있는 도시인지, 어느 도시에 있는 항구인지, 어디에 있는 해변인지, 어디에 있는 카페인지, 검색한다. 엔터를 누르면 구글 지도는 축지법을 써서 나를 다른 나라의 거리와 해변에 내려놓는다. 현재 위치에서 이동하는 데 겨우 1초 정도밖에 안 걸린다. 지도를 확대하면 사진들이 나타나고 갑자기 나는 낯선 도시와 해변에 있다. 카페와 식당이 줄줄이 나타나고 마음에 드는 곳에 별표를 붙여둔다. 주소는 물론이고, 영업시간, 메뉴까지 한눈에 볼 수 있다. 그 카페를 벌써 다녀간 사람들이 올린 사진을 보며 분위기를 상상한다. 그럼 그 카페에 다 가봤냐고 묻는다면, 그럴 리가.

별표를 많이 가지고 있으면 여행을 준비할 때 동선 짜기도 쉽고, 무엇보다 나만의 시선이 담긴 여정을 만들 수 있다. 여행 일정을 짜기도 쉬워진다. 다음 여행지로 튀니지와 알제리에 가고 싶어서 틈나면 튀니지와 알제리에 별표를 만들고 있다. 언제 갈 수 있을지 모르겠지만.

Exercise

구글 지도를 열고 친해져 보자.

▌ 구글 지도에서 정독도서관을 찾고, 정독도서관 주변의 가 보고 싶은 카페에 별표를 해 보자.

▌ 지하철이나 버스를 타고 구글 지도의 안내에 따라 집에서 정독도서관에 가 보자.

▌ 정독도서관 정원을 천천히 걷고 벤치에 잠시 앉는다.

▌ 정독도서관에서 나와 이미 별표 해 둔 카페(없다면 '카페 이드라'를 추천)까지 걸어서 찾아가 보자.

숙박은
어디에서 해결하지?

　숙소는 안전한 곳에 있는지, 깨끗한지, 관광지 접근성은 편리한지 등을 고려해야 하는 선택의 장이다. 세계 어디에서나 검증된 5성급 호텔에 머물면 그만이지만, 이 책을 읽는 독자라면 숙소에 쓸 수 있는 예산은 정해져 있을 것이다. 혼자 여행하면 해가 진 후에 아무래도 숙소에 머무는 시간이 많다. 따라서 숙소의 종류와 질은 여행 전반에 많은 영향을 끼친다.

　스페인 마드리드를 여행할 때였다. 지금처럼 인터넷이 발달하지 않았던 시절이었다. 토요일 오후에 마드리드에 도착해서 기차역에 있는 관광안내센터에서 내 예산에 알맞은 리스트와 연락처를 받았다. 그 당시 토요일 오후에 낯선 도시에 도착하는 일은 커다란 도전이었다. 오전에 도착한 여행자들이 저렴하고 좋은 방을 이미 다 차지해서 예산 내에서 좋은 방을 찾을 기회가 줄어들기 때문이다.

다행히 한 현지인 민박(pension)에 방이 있어서 말도 안 통하는데 어찌어찌해서 찾아갔다. 집은 언뜻 보기에도 오래되고 낡았다. 이틀 밤만 자면 되니까 방을 구해서 얼마나 다행인지, 안도하며 씻는 둥 마는 둥 하고 잠이 들었다. 새벽에 화장실에 가려고 욕실 등을 켰다. 그러자 손가락 두 마디쯤 크기의 바퀴벌레들이 모였다가 모세의 기적이 일어날 때처럼 두 갈래로 갈라져 달아났다. 안채에 주인 할머니가 자고 있었는데, 하마터면 소리지를 뻔했다. 놀란 가슴을 다독이며 비명을 삼키고 소변도 삼켜야 했다. 잠이 달아나서 새벽이 오길 간절히 기다렸다. 해가 뜨기 전에 거리로 나갔지만 갈 곳이 없어서 근처 카페에서 시간을 보냈다. 이십여 년 전 일인데도 마드리드를 떠올리면 그 욕실의 바퀴벌레 떼가 먼저 떠오른다.

지금은 매의 눈을 가진 네티즌들이 남기는 평점 시스템이 있어서 이런 숙소는 살아남기 힘들다. 과거 기억 때문에 나는 숙소를 정할 때 평점에서 청결 평점을 가장 우선순위에 두고, 이미 머물렀던 사람들의 평가를 꼼꼼하게 살펴본다. 숙소 예약은 출발 전에 가장 품이 많이 들어서 귀찮은 일 중 하나다. 빠듯한 예산 내에서 찾다 보면 청결, 안전, 시내 접근성 세 가지 요소를 만족시키는 호텔을 찾기 쉽지 않다. 결정 장애가 번번이 찾아오기도 하고, 예약해 놓고도 더 좋은 선택지는 없는지 이리저리 기웃거리기도 한다. 내가 한 결정에 확신이 흔들려 후회할 때도 있다. 하지만 이 또한 여행이 가르쳐주는 삶의 기술이다. 선택에는 기쁨도 있지만 아쉬움과 후회도 있다. 다만 후회하는 시간은 짧은 게 좋다. 판을 바꿀 수 없다면 말이다.

숙소 선택에서 최선이라고 단언할 모범 답안은 없다. 숙박비용은 항공료와 비슷하거나 더 많은 예산을 차지한다. 가성비와 가심비 모두 충족하려면 마우스를 클릭할 튼튼한 손목이 필요하다. 평점이 나쁜 숙소도 사진에서는 단점을 찾기 힘들다. 숙소 앱에 올라온 사진은 호텔을 돋보이게 하는 조명과 각도를 잘 활용하는 전문가의 작품이다. 손님을 매혹하기 위해 포토샵과 사진 앱으로 '사진 성형'을 한다. 어떤 호텔은 호텔 내 식당이나 카페 등 편의시설이나 테라스의 멋진 사진을 올려놓기도 하는데 낚이지 말자. 잠을 자는 곳은 방이지 멋진 테라스가 아니다.

호텔 사진은 참고만 하고 이미 그 호텔에 머문 사람들의 리뷰를 참고하자. 리뷰를 읽어내는 방법이 있다. 사람마다 중요하게 보는 부분이 다르다. 어떤 사람은 좋다고 하는데 어떤 사람은 나쁘다고 한다. 그럴 수 있다. 대체로 좋다고 하고 가끔 나쁘다는 평이 있으면, 그 숙소는 대체로 괜찮다. 여름인데 에어컨이 작동 안 되거나 겨울인데 난방이 안 되는 방을 '나만' 배정받을 수 있다. 이럴 경우는 그 사람이 운이 없는 것이다. 반면에 일반적으로 비슷한 문제점을 지적하는 경우가 있다. 샤워기 물이 잘 안 내려간다, 욕실 수압이 약하다, 욕실에 머리카락이 있다, 캐리어를 놓기에 공간이 작다 등등. 사람들이 이런 평가를 자주 언급하면 관리가 안 되는 숙소이다. 참을 수 있는 불편함과 참을 수 없는 불편함은 무엇인가? 자신이 어떤 불편에 취약한지 알아야 만족스러운 선택을 할 수 있다.

청결의 기준도 사람마다 다르다. 하나만 기억하면 결정하기 쉽다. 저렴한 숙소는 저렴한 이유가 있다. 저렴한 숙소에서 5성급 호텔의 청결과 안락함을 기대한다면, 세상 물정에 무지한 자신을 돌아봐야 한다. 저렴한 숙소를 고를 때 타협할 수 있는 것과 타협할 수 없는 것의 기준을 세워서 적절한 타협점을 찾는 게 현명하다. 그렇지 않으면 예산은 점점 치솟고 떠나는 것 자체를 망설이게 된다.

나는 오래전 마드리드에서 겪은 경험 때문인지 청결을 선택하고 시내에서 조금 떨어진, 그러나 대중교통으로 접근 가능한 숙소를 선호한다. 시내에서 거리가 조금 멀면 시내 중심에 있는 호텔보다 저렴하다. 관광지에서 살짝 벗어난 위치에 있는 호텔은 조용하고 현지인의 일상 공간으로 성큼 들어갈 수 있는 장점이 있다. 시내 중심에 있는 호텔은 편리하다. 걸어서 관광지를 돌아볼 수 있어서 그 도시의 지리에 낯선 여행자의 동선과 시간을 절약할 수 있다. 하지만 숙박비가 비싸고 무엇보다 번잡하다. 그 도시의 관광지 구역만 보고 돌아볼 확률이 높다. 어느 쪽을 선택할지 고민해 보자.

숙소의 종류

숙소, 하면 일반적으로 호텔을 떠올린다. 호텔 말고도 여러 가지 선택지가 있다. 게스트하우스, 한인 민박, 에어비앤비 네 가지 숙소에 대해 말할 것이다. 각각 장단점이 있으니 살펴보고 자신에게 알맞은 숙소가 무엇인지 생각해 보자.

1. 호텔

호텔은 가장 보편적 숙소로 편리하고 아늑하지만, 비용이 많이 든다. 호텔의 가격은 청결도, 편리함, 도심과의 거리, 서비스 등으로 정해진다. 저예산 호텔 중 숨은 보석을 찾아내려면 수없이 클릭할 자세가 필요하다. 유럽 대도시 호텔은 1박에 항공권 가격을 뛰어넘는 비싼 곳도 많다. 숙박비가 비싼 도시에서는 개인이 운영하는 규모가 작은 호텔을 공략하면 좋다. 규모 작은 호텔 중 관리 잘 되는 곳은 건물이 낡았어도 청결하고, 친절하다. 이용자 후기를 꼼꼼하게 읽고, 관광지에서 조금 떨어져도 대중교통으로 접근하기 쉬우면 진짜 동네 분위기까지 느낄 수 있다. 나 홀로 여행자는 밤늦게 돌아다닐 일이 적어서 시내 한복판만 고집하지 않으면 꽤 만족스러운 호텔을 발견할 수도 있다.

호텔 앱은 부킹닷컴, 호텔스닷컴, 아고다, 익스피디아 등이 있다. 회원가입을 하자. 모두 한국어 지원을 하는 앱이라서 사용하기 편하다. 부킹닷컴에서는 회원에게만 보이는 할인가가 있고, 모바일 특가가 있다. 호텔스닷컴은 숙박 횟수가 쌓여 10회를 채우면 1박을 무료로 잘 수 있는 리워드가 있다. 앱마다 최저가 경쟁을 벌이고 있지만, 내가 보기에 가격은 비슷비슷하다. 오히려 호텔이 한시적으로 특가를 제공할 때가 있다. 이런 경우 절반 가격일 때도 있다. 여행 준비 중이면 자주 앱에 접속해서 이런 행운을 잡아보자.

2. 게스트하우스

보통 다인실이다. 방 하나에 침대가 여러 개 있고 침대 하나만 빌리는 거라 아주 저렴하다. 게스트하우스 운영 방침에 따라 주방도 쓸 수 있는 곳이라면, 간단한 음식도 해 먹을 수 있다. 꼭 음식을 조리하지 않아도 로비나 주방에서 여행자들을 만나서 이야기를 나눌 수 있다. 호텔에 머문다면 불가능한 일이다. 저예산으로 장기여행하는 사람들은 게스트하우스에 많이 머문다. 이들은 다른 여행자를 만나는 데 거리낌이 없고, 다른 문화에 호기심도 많아서 스스럼없이 다가온다. 하루 일정을 끝내고 저녁에 맥주 한 잔 마시며 친구를 사귀기 좋다. 적극적이지 않아도 한 방에 같이 머무는 여행자와도 자연스럽게 대화를 주고받게 된다.

단점으로 한 방에 여러 사람이 함께 머물러야 해서 불편하다. 조용히 혼자 보내는 시간을 좋아하는 사람에게는 번잡해서 좋은 선택이 아닐 수 있다. 또 방안에 욕실이 없는 경우도 많아서 잘 확인해야 한다. 여러 사람이 사용하는 방인 만큼 소지품을 잘 챙겨야 한다. 무조건 도난을 당하는 건 아니니 미리 걱정하지는 말자. 어떤 게스트하우스는 침대 비용만 명시해 놓고, 체크인할 때 수건, 침대 시트 등에 추가 요금을 받기도 한다. 체크아웃 후 낮 동안 캐리어도 코인 로커에 넣어야 해서 추가 비용이 드는

곳도 많다. 추가 비용이 많은 곳에 가면 숙박비보다 배꼽이 더 커서 눈 뜨고 코 베이는 기분이 든다. 혼성 도미토리인 곳도 있으니 예약 전에 잘 확인해야 한다.

호텔 예약 앱인 부킹닷컴, 호텔스닷컴, 익스피디아, 호스텔닷컴, 아고다 등에서 예약할 수 있다.

3. 한인 민박

한국인이 많이 찾는 세계 대도시에는 한국인이 운영하는 민박집이 있다. 한국인이 운영하는 민박의 장점은 크게 두 가지이다. 한국말이 통하는 것과 저렴한 숙박비로 아침에 한식을 배부르게 먹을 수 있는 것이다. 민박집 주인은 여러 가지 이유로 그 나라로 이주한 사람들이다. 이들은 그 도시에 오래 살아서 문화와 역사에 해박하다. 또한 실용적인 교통 정보나 관광지에 대한 고급 정보를 가지고 있어서 도움을 줄 수 있다. 저녁에 숙소에 들어가면 하루를 마감한 여행자들이 모여 맥주 한 잔 기울이면서 그날 있었던 이야기를 '한국어'로 주고받을 수 있다. 일정이 비슷하고 마음 맞는 사람을 만나면 하루쯤 동행할 수 있다. 혼자 떠났지만 '더불어' 여행할 수 있다.

단점으로 민박집의 위치는 대체로 좋지 않다. 시내에서 비교적 거리가 있고, 낯선 골목에 있는 민박집을 찾는 데 힘들다. 이럴 때 전화하면 민박집 주인은 한국말로 친절히 안내해준다. 찾아갈 자신이 없으면 픽업 서비스를 부탁하거나 택시를 타는 것도 방법이다. 화장실은 민박집의 규모에 따라 하나나 두 개여서 공동으로 사용해야 한다. 청결에 민감한 사람은 참기 힘들 수 있다. 이런 단점에도 불구하고 처음 혼자 여행할 때 한인 민박은 좋은 선택지이다.

한인 민박 앱은 따로 있지 않고 주로 민박집 이름으로 운영하는 블로그나 인터넷 카페를 통해 예약한다. 현금으로 미리 입금해야 하는 경우가 대부분이고, 환불 조건이 다른 숙박시설보다 까다롭다. 취소 시 환불 조건을 꼼꼼하게 묻고 예약하자.

4. 에어비앤비

현지인이 운영하는 민박을 연결해주는 앱이다. 아파트나 스튜디오(우리로 말하면 원룸쯤) 전체를 빌릴 수 있다. 독채의 경우에 체크인과 체크아웃 할 때만 주인과 마주치는 독립된 공간이라 편하다. 주방이 갖추어져 있고, 세탁기도 있는 곳이 많아서 밀린 빨래도 하고 밥을 직접 해 먹을 수 있다.

프랑스 아비뇽에서 4일 동안 에어비앤비를 통해 숙소를 예약한 적이 있다. 집주인 에디뜨는 딸 방을 빌려주었다. 딸이 파리에 살고 가끔 아비뇽에 내려올 때만 사용하는 방이었다. 이 방을 여행자에게 빌려주곤 했다. 아침 식탁에서, 저녁에 들어가면, 여러 가지 이야기를 나누었다. 에디뜨는 나를 통해 한국 여행을 하고, 나는 에디뜨를 통해 프랑스를 여행했다. 현지인 맛집도 소개받았다. 주말 저녁에는 에디뜨와 그의 친구, 하숙생과 단골 식당에 함께 가서 와인 한 잔씩 마시며 불금을 보냈다. 주방도 사용할 수 있어서 나는 파전과 볶음밥을 만들어 에디뜨의 환대에 보답했다.

혼자 여행할 때 독채보다 이렇게 주인이 사는 집에 방 하나만 빌릴 것을 추천한다. 여러 가지 장점이 있다. 첫째, 현지인의 시선으로 그 도시를 바라볼 수 있다. 현지인이 알려주는 맛집, 여행객에게는 알려지지 않은 힙

플레이스 등 현지인만 아는 정보를 얻을 수 있다. 둘째, 주방을 사용할 수 있다면 음식 교환을 할 수 있다. 음식 앞에서 사람은 한마음이 된다. 말이 잘 안 통해도 정서적 교감을 나누게 되어 혼자 가더라도 잊을 수 없는 특별한 여행을 할 수 있다. 셋째, 주인이 실제로 사는 집의 구조를 구경하고 현지인처럼 지낼 수 있다. 여행자 신분으로 낯선 도시의 속살을 보기 어려운데, 에어비앤비는 현지인의 일상을 곁에서 잠시 볼 수 있는 기회이다. 말하자면 우리 집에 외국인 여행객이 손님으로 온 것이라고 할 수 있다. 우리 집에 외국인이 머무는 동안 일상을 조금 공유한다고 생각하면 된다.

에어비앤비의 단점은 집주인과 의사소통할 때 발생할 수 있는 언어 스트레스이다. 언어 스트레스를 줄이는 법은 주인이 영어를 유창하게 말하는 사람보다 덜 유창한 사람이면 좋다. 영어가 모국어가 아닌 주인은 인내심을 가지고 내 어눌한 영어를 들어준다. 친절하다는 평가를 많이 받은 호스트의 집을 찾으면 좋다. 사람을 대하는 태도는 언어의 유창함에 있는 게 아니다. 사업적 마인드로 게스트를 대하는 사람보다 에디뜨처럼 집에서 다른 문화를 경험하기를 즐기는 사람을 만나면 좋다. 머뭇거리지 말고 눈 딱 감고 한번 시도해 보자. 그럴만한 가치가 있다.

여행 기간에 따라 위의 네 가지 숙소를 섞어서 예약하면 좋다. 호텔 이외의 숙소는 아무래도 불편하다. 편한 호텔과 불편하지만 경험할 가치가 있는 숙소를 적절히 섞으면 유일무이한 나만의 여행이 된다. 혼자 떠나서 중간에 동행을 만났다가 헤어지는 여행을 할 수 있다. 내 여행의 기획자는 바로 나라는 사실을 기억하자.

스마트폰에 숙소 앱을 설치하고 살펴보자.

▌ 부킹닷컴, 아고다, 익스피디아, 에어비앤비 등의 앱을 설치하고 가장
가고 싶은 도시의 호텔이나 숙소를 검색하자.

▌ 평점이 10점 만점이면 8점 이상, 평점이 5점 만점이면 4점 이상으로
검색하자.

▌ 나에게 맞는 숙소 유형은 무엇인가?

▌ 이용자들이 남긴 리뷰를 읽고 마음이 가는 호텔을 찾아 하트를 눌러
저장해 보자.

전체 일정은 큰 그림으로,
하루 일정은 느슨하게

　아날로그 시대에 여행은 사람과 만나고 부딪치는 일이었다. 여행 준비를 하면서 접하게 되는 안내 책자에는 한계가 있었다. 인쇄물이라 발행된 후 개정판을 찍을 때까지 정보가 업데이트되지 않아서 현지에서 정보가 달라서 곤란을 겪곤 했다. 디지털 시대에 여행 방법은 180도 바뀌었다. 세계 각 도시는 홈페이지를 제작해서 그 매력을 홍보한다. 지구 반대편에 있는 기차와 저가 항공 운항 스케줄을 손쉽게 조회하고 결제까지 할 수 있다. 입장권은 또 어떤가? 암스테르담에 있는 '안네의 집'은 아예 90%가 온라인 발권으로만 이루어지니 거의 온라인으로 입장권이 판매된다. 입장권을 사기 위해 줄을 서지 않아도 되고, 홈페이지와 예매 대행 사이트가 있어서 원하는 시간에 관람할 수 있다.

　디지털 시대에 여행은 참 편리하다. 단기여행자는 시간 낭비를 줄여서 동선을 미리 짜는 집약적 여행을 할 수 있다. 하지만 한편으로는 너무 복잡하게 느껴진다. 여행 가기도 전에 예약 수렁에서 허우적거리게 된다. 알아야 할 것도, 설치해야 할 스마트폰 앱도 너무 많다. 각 나라의 철도청 앱, 대중교통 앱, 호텔 앱, 입장권 예약 앱 등등. 여행 준비는 스마트폰 앱과의 사투라고 할 수 있다. 스마트폰에서 모든 걸 예약하고 출력 없이 바코드나 QR코드만 있으면 된다. 편리하지만 스마트폰만 들여다봐야 한다. 도시가 주는 풍경과 분위기를 느끼는 건 뒷전이고, 스마트폰 속에 저장된 정보대로 얼마나 잘 따라가고 있는지를 체크한다. 우리가 원하는 게 이런 여행인가? 디지털 시대에 스마트하게 여행하면서도 아날로그 시절의 감성을 놓치지 않으려면 어떻게 해야 할까? 두 마리 토끼를 다 잡는 게 가능할까?

준비를 '최소'로 하는 것이다. 최소로 준비하면 소중한 시간에 못 보고 놓치는 게 많을까 봐 불안하다. 유럽은 비행시간만 적게 걸려도 왕복 22시간이다. 가성비를 따지지 않을 수 없다. 하지만 본다는 게 뭔가? 느끼지 못하면 많이 봐도 의미 없다. 루브르 박물관에 가서 인파에 둘러싸인 '모나리자'를 보지만 돌아와서 모나리자를 다시 보고 싶다거나 모나리자의 묘한 웃음에 끌렸다는 사람을 만나기 드물다. 그저 봤다는 인증으로 모나리자 앞에서 찍은 사진을 보여준다. 유명한 그림 앞에서 찍은 사진 한 장은 그 사람이 그곳에 다녀왔다는 사실 말고는 아무것도 말해주지 않는다. 다른 사람들이 본 걸 나도 봤다는 증명을 하는 게 무슨 의미가 있을까? 차라리 사람들의 발길이 드문 작은 미술관에 가서 나만의 시간과 느낌을 오롯이 관찰했다고 말하는 여행은 어떨까? 이런 여행은 과연 손해 보는 여행일까? 사람의 발길이 적은 곳에서는 예매 전쟁도 필요 없고, 동선을 계

산하면서 서둘러 움직이지 않아도 된다. 다른 사람은 모르는 비밀 장소를 간직하는 일은 나만 아는 세상을 만드는 것이다. 한 도시의 진짜 모습은 여행자가 애정을 담고 바라보는 곳에 있다.

이것저것 할 목록으로 빈틈없는 하루를 계획하면 패키지여행보다 더 힘든 여행이 된다. 여행이 일시 멈춤을 위한 놀이가 아니라 의무로 가득한 일이 되어 버린다. 여행자가 '반드시' 해야 할 일이란 없다. 아무 할 일 없는 곳에 가는 것이 바로 여행자의 일이다. 해야 할 것을 정하고 조바심 내는 사람은 나 자신이다. 전체 일정에서 느슨한 하루, 또는 빽빽한 하루 중 느슨한 몇 시간을 정할 수 있다. 내 마음대로 일정을 조정할 수 있는 점이 나 홀로 여행의 매력이다.

가끔은 계획에 없던 엉뚱한 장소에 가보는 것도 여행 후에 잔상을 많이 남긴다. 엑상프로방스에 갔을 때였다. 『이방인』을 쓴 알제리 출신의 프랑스 작가 알베르 카뮈 탄생 백 주년 기념 전시회가 동네 도서관에서 열리고 있었다. 길을 걷다가 200유로짜리 지폐를 주운 기분이었다. 누군가에게 횡재한 하루를 자랑하고 싶었다. 경비원 외에는 아무도 없는 입구를 지나서 전시실로 들어갔다. 관람객은 나 혼자였다. 나를 따라 들어온 경비원만이 전시실을 지키고 있었다. 카뮈의 손때가 묻은 메모, 노트, 펜, 여권, 신분증 등을 혼자 독점하는 기분은 말로 표현하기 힘들었다. 다시는 볼 수 없을 거라는 생각에 하나라도 더 눈에 넣고 싶었다. 거의 읽을 수 없는 필체로 쓰인 노트와 메모들이었지만, 손글씨를 본 것만으로 카뮈의 비밀을 한 자락 엿본 것 같았다.

여행자에게 덜 알려진 작은 도시를 전체 일정에 넣어 보자. 오고 가는 법만 알아두고 정보 없이 발길 닿는 대로 골목을 거닐어 보자. 소도시나 시골 마을에서 구글 지도를 끄고 걷다가 배가 고프면 밥 먹고, 다리가 아프면 카페에 들어가서 잠시 다리를 쉬는 여정을 만들어 보면 어떨까?

　전체 일정은 이동할 도시를 중심으로 큰 틀에서 세우고, 하루 일정은 느슨하게 세우는 게 좋다. 이동은 적게 하고 여러 도시를 보고 싶으면, 거점 도시를 잡는다. 거점 도시를 중심으로 하루 만에 다녀올 수 있는 도시를 찾으면 좋다. 예를 들면 스페인 마드리드를 거점 도시로 잡으면 마드리드에서 아침에 출발해서 저녁에 돌아오는 일정을 짜는 것이다. 먼저 마드리드에서 대중교통으로 하루 만에 다녀올 수 있는 소도시를 찾는다. 마드리드 근교 도시나 마드리드 근교 소도시로 검색하면 많은 도시를 찾을 수 있다. 중세 성채 도시인 톨레도, 디즈니 애니메이션 「백설공주」의 배경이 된 성이 있는 세고비아, 톨레도와 비교해서 상대적으로 알려지진 않았지만, 자연 그대로의 분위기를 간직한 중세 성채 도시 쿠엔카와 아빌라 등 생각보다 많다. 특히 땅덩어리가 넓은 나라에서 거점 도시를 정하고 근교 도시를 다녀오는 일정을 추천하고 싶다. 근교 도시를 정할 때 '왕복 6시간 이내'여야 한다. 왕복 6시간 이상이 걸리면 근교 도시가 아니니 포기하자. 아니면 짐 싸서 그 도시로 이동해서 하루를 보내는 방식으로 루트를 짜면 좋다.
　거점 도시를 정하고 여행하면 안정감이 든다. 아침마다 캐리어를 쌌다가 저녁에 풀어헤치는 일만 안 해도 편하다. 아침에 일찍 출발해서 낮에 낯선 도시를 구경하고 저녁에 익숙한 도시로 돌아온다. 저녁에 거점 도시에 돌아오면 며칠 머무는 호텔은 집처럼 아늑하게 느껴진다. 낯선 도시도 포기하지 않고, 익숙함도 챙길 수 있어서 내가 선호하는 여행 방식이다. 대도시 근교에 있는 도시들은 주로 소도시이고, 소도시에는 대도시에서 느낄 수 없는 매력이 있다. 일단 소도시에 가면 대도시의 번잡함과 속도에서 벗어날 수 있어서 자유롭다. 소도시 중심가는 작아서 천천히 걸어서 둘러보기 좋다. 작은 도시에서는 탈것에 의지하지 않고 두 발로 걷기만 해도 여행의 결이 달라진다.

이런 식으로 루트를 만들면 예약할 기차와 버스가 대충 나온다.

KTX와 SRT 덕분에 많은 지방 도시에 당일로 다녀올 수 있다.

서울을 거점 도시로 정하고 하루에 다녀올 수 있는 도시를 뽑아보자.

1. 원주

서울역 출발-원주역 도착

원주에서 볼거리(뮤지엄 산 추천)와 하고 싶은 일

원주역에서 이동 방법 찾기(버스 찾기)

2. 경주

서울역 출발-신경주역 도착

경주에서 볼거리와 하고 싶은 것

신경주역에서 시내로 이동 방법(버스 찾기)

3. 내가 가고 싶은 나라도 원주나 경주처럼 찾으면 된다.

거점 도시를 정하기

거점 도시를 기반으로 다녀올 근교 도시를 검색하기

이동 방법 버스, 기차 찾기

출발 시간표

도착 시간표

이동 시간

근교 도시에서 볼거리, 하고 싶은 것

슬기로운 여행의 기본,
이동 대탐구

 이동 없는 여행이 가능할까? 한 도시에만 머물러도 두 다리만 사용할 수는 없다. 버스나 지하철을 탈 것이다. 적어도 머무는 도시의 지하철 앱이나 버스 앱 정도는 이용할 줄 알아야 한다. 다행히 세계 대도시의 대중교통 체계는 서로 닮아가고 있다. 한국에서 지하철과 버스를 타고 자유롭게 이동할 수 있다면, 세계 어느 도시에 가더라도 잘 다닐 수 있다. 처음에는 언어 때문에 낯설겠지만, 하루만 이용해 보면 다 비슷하다. 요즘 지하철역에는 직원이 있는 매표소가 없고 티켓 자동판매기만 있는 경우가 많다. 당황하지 말고 '눈치'를 보자. 앞 사람이 어떻게 하는지 어깨너머로 보자. 봤는데도 눈치 제로면, 갈 길이 바빠 보이는 사람 말고 여유 있어 보이는 사람을 찍어서 그냥 물어보자. 말이 안 통해도 상관없다. 목적지만 말하면 현지인은 대충 알아듣고 표를 사도록 도와준다. 혼자 해결하려고 끙끙대면서 시간 보낼 필요 없다. 사소하지만 중요한 일에 도움을 요청할 줄 아는 것도 여행 기술이다. 간단한 일에 힘 빼지 말자.

프라하 여행 준비를 하면서 인터넷에 떠도는 '소문'을 읽었다. 트램에 무임승차했을 때 벌금이 30배라는 소문이었다. 막상 가서 보니 트램 표를 사기 쉽지 않았다. 트램 정류장에는 표를 파는 자동판매기도, 티켓 창구도 없었다. 지하철역에서 트램표를 살 수 있었다. 지하철역이 보이면 일부러 내려가서 미리 표를 사두긴 했지만, 한 번은 표를 사지 못한 채 트램을 탔다. 운전기사에게 표가 없다는 의사를 전달했더니 트램 중간에 설치된 자동판매기에서 표를 사라고 하는 것 같았다. 그런데 현금 사용은 안 되고 신용카드를 아무리 넣었다 빼도 결제할 수 없었다. 이 티켓 판매기는 우리나라에서 쓰는 IC칩이 내장된 신용카드를 인식하지 못했다. 이 사실을 몰라서(트램에 탄 현지인도 몰랐다) 목적지까지 티켓 판매기와 씨름하다 목적지에 도착했고, 그냥 내렸다. 본의 아니게 무임승차를 했다. 운 좋게(?) 검표원을 만나지 못했는데, 이때 검표원을 만났다면 나는 트램 승차비의 30배에 해당하는 벌금을 냈을까? 천만에. 검표원을 만나더라도 겁먹지 말자. 의도적으로 무임승차를 한 게 아니니 검표원에게 표를 사겠다고 하면 된다. 표를 사겠다는 의지를 보이면 검표원이 내게 작심하고 '삥' 뜯을 생각이 아니라면 해결책을 알려줄 것이다. 떠도는 말에는 인과에 대한 설명도 없고 대처법도 없고 (벌금 냈다는) 결과만을 이야기한다. 이런 잘못된 정보 때문에 겁부터 내는 사람을 보면 안타깝다. 대처법을 모르겠거든 한국에서라면 어떻게 할지 떠올리자. 묻지도 따지지도 않고 벌금 30배를 내겠는가?

한 도시에서 다른 도시로 장거리 이동을 할 때 여행력이 가장 많이 요구

된다. 한국에서 기차와 장거리 버스를 타고 다른 도시에 가 본 적이 있다면, 세계 어느 도시에서도 쉽게 적응할 수 있다. 한국에서도 기차표와 고속버스표를 앱에서 예약하고 전자탑승권을 가지고 승차한다. 이 탑승 시스템은 세계 공통이 되어간다. 그 나라의 철도청 앱이나 버스 앱에서 운행 시간표 조회는 물론이고 예약과 결제까지 한 번에 다 할 수 있다.

한 달 이상 유럽 여행을 하면 유레일패스가 필요하지만, 한 나라만 여행하거나 여행 기간이 10일 이내라면 필요할 때마다 기차표를 예매하는 게 낫다. 유럽 여러 나라의 기차표 가격은 고무줄처럼 늘어났다 줄어들었다 한다. 프로모션 기간에 기차표는 평소 가격의 2분의 1 정도로 착하다. 출발 날짜 한 달 이상 전에 예약할수록 싸고 출발 날짜가 가까워질수록 표가 비싸다. 극성수기가 아니면 기차표가 매진되지는 않는다. 다만 비싼 표만 남아있을 뿐이다. 기차든 버스든 예매하려면 루트를 먼저 짜야 한다. 여정을 짤 때 가장 고려해야 할 것은 기차표 가격이 아니라 이동 거리이다. 그 나라 전체 지도를 인터넷에서 찾아서 가고 싶은 도시를 구글 지도에 찍어서 전체를 연결해 보자. 먼저 한 도시에서 머물 기간을 정하고, 다음 도시까지 이동 시간을 확인하자. 다음 도시에서 머물 기간을 정하고, 그다음 도시까지 이동 시간을 확인하고 루트를 만들어야 한다.

자유여행 초보자가 여행 준비를 하면서 가장 어려워하는 것은 이동일 것이다. 도시에서 도시로, 또는 나라에서 나라로 이동하는 데 걸리는 시간을 고려해야 한다. 그렇지 않으면 이동하는 데 쓸데없이 많은 시간을 보내게 된다.

노르웨이 여행을 할 때였다. 고등학교 지리 시간에 겨울에도 얼지 않는 부동항 나르비크라는 말을 들었다. 그 후 부동항이란 말은 나를 매혹했다.

얼지 않는 항구 나르비크는 오로라만큼 신비했다. 이 신비를 내 눈으로 확인하고 싶었다. 나르비크는 오슬로에서 기차로 1박 2일이 걸리는 곳이 었다. 시간을 절약하겠다고 오슬로에서 야간 기차를 탔다. 선잠이 들었다 깨었다 반복하니 날이 밝았다. 너무 오래 앉아 있어서인지 허리가 아프기 시작했다. 노르웨이는 산악지형이라 북부 지방으로 갈수록 기차는 주로 협곡 사이를 통과했다. 기차는 곡선 철로 위에서 아슬아슬하게 긴 몸체를 꺾으며 멈추지 않을 정도로만 달렸다. 느린 기차 속도에 복장이 터졌고,

잠을 못 자고, 끼니는 빵 조각과 커피로 때워서 입 안은 텁텁했다. 부동항을 보기 전에 죽을 것만 같았다. 더는 앉아 있을 수 없었다. 그날 오후, 도시 이름은 기억 안 나지만 예정에 없던 작은 도시에 내렸다. 거의 12시간 만에 기차에서 내렸다. 밥 생각도 없고, 부동항이고 뭐고 허리를 펴고 눕고 싶은 생각뿐이었다. 유스호스텔로 가서 오후 내내 누워있다가 다음날 나르비크 행을 포기하고 오슬로로 다시 돌아갔다. 역시나 기차를 타고. 이런 식으로 이동하면 안 되는 것을 겪어 보고 알았다.

첫 자유여행에서 이동을 최소한으로 하는 게 좋고, 한 번에 긴 거리 이동은 피하는 게 좋다. 하지만 지역에 따라 긴 이동을 피할 수 없을 때도 있다. 예를 들어 체코의 프라하에서 스위스 루체른으로 갈 경우, 10시간 넘게 기차를 타야 한다. 직행 기차가 없고 독일 땅을 거쳐야 한다. 뮌헨이나 다른 도시에서 갈아타야 하는데, 프라하에서 루체른으로 바로 가는 건 좋은 방법이 아니다. 약속이 있거나 꼭 시간 내에 도착해야 하는 이유가 있다면 모르겠지만(여행자에게 그런 이유가 있을 리 없다). 이런 경우 뮌헨에서 하루나 이틀쯤 머물면서 뮌헨을 둘러보고 이튿날 루체른으로 가면 좋다.

하루에 기차나 버스 타는 시간은 가능하면 5시간을 넘지 않는 게 좋다. 하루 이동 시간 한계를 정해서 움직이자. 일주일 이하의 단기여행자라면 욕심을 비우고 그냥 한 도시에 머물면서 한 도시에 집중하고 거점 도시를 중심으로 근교에 다녀오는 게 정답이다. 서울에 일주일 머무는 여행자라고 가정해 보자. 서울에서 일주일 동안 무엇을 하고 싶은가? 일주일 동안 머물면서 부산에 가고, 강원도에 가고, 제주도에 갈 것인가?

기차나 버스로 5시간이 넘게 걸리면 저가 항공 이용도 고려해 볼 만하다. 5시간 이내면 비행기보다 기차나 버스가 편리하다. 예를 들어 프랑스 남부 지방인 니스까지 파리에서 고속열차 TGV로 6시간 정도 걸린다. 비행기로 가면 1시간 30분 정도이다. 단순 이동 시간만 비교하면 비행기가 합리적인 것처럼 보인다. 하지만 비행기를 타려면 시내 호텔에서 공항까지 이동하는 데 시간이 걸리고, 공항에는 적어도 1시간 30분 전에 가야 한다. 니스에 도착해서도 마찬가지다. 공항은 시내에서 떨어진 외곽에 있다. 니스 공항에서 시내까지 가려면 공항버스를 타거나 택시를 타야 한다. 비행시간만 보면 기차보다 훨씬 빠르지만, 파리에서 니스까지 가는 데 걸리는 시간은 결국 기차와 비슷한데 무척 번잡하다. 기차역은 대체로 시내에 있고, 기차 출발 10분 전에만 도착하면 된다. 따라서 5시간 이내에 있는 도시에는 기차나 버스로 이동하는 것이 훨씬 효율적이다.

공항에서 시내까지 가는 데 세계 어느 도시나 대중교통으로 가능하다. 동남아시아에 있는 몇몇 나라의 호텔들은 공항에서 호텔까지 셔틀버스를 자체적으로 운행하기도 한다. 셔틀이 없는 경우에 호텔에서 일정한 비용을 받고 공항 픽업 서비스를 하는 곳도 있다. 이 정보는 호텔 앱에 표시되어 있다. 일단 호텔까지 찾아가는 방법을 정한 후에는 시내에서 이동하는 방법을 궁리하면 된다.

단거리 이동할 때 택시를 적절하게 이용하면 체력도 비축하고, 시간도 절약할 수 있다. 택시는 무조건 비싸다는 생각은 버리자. 한국에서 우리는 언제 택시를 타는가? 급하거나 대중교통이 불편할 때이다. 해외에서도 마찬가지다. 동남아시아의 여러 나라에서 말이 안 통하는 여행자가 로컬 버스를 타고 이동하기 불편하다. 이럴 때 택시가 주요한 이동 수단이 되곤 한다. 택시비 비싼 유럽은 어떨까? 마찬가지다. 소도시에 가면 버스 배차 시간이 시간당 한 대라든가 하면 택시를 이용해 보자. 소도시는 작아서 역이나 터미널에서 호텔까지 먼 거리가 아니다. 나는 호텔에서 체크아웃하고 기차역에 갈 때나 그 도시의 기차역에 도착해서 호텔로 갈 때 주로 택시를 탄다. 대도시에서는 거리가 멀어서 택시비 걱정에 엄두를 못 내지만, 소도시에서는 적은 비용으로 사치를 누릴 수 있다. 기차역에서 택시를 타면 호텔 앞에 내려준다. 버스 기다리는 시간도 절약하고, 캐리어를 끌고 호텔을 찾아야 하는 수고도 던다. 무엇보다 시간을 절약할 수 있다. 호텔에 편하고 빠르게 도착해서 체크인하고, 홀가분하게 동네를 둘러보는 것이 여행의 만족도를 더 높여줄 것이다.

여행지에 따라 대중교통 체계는 다르니 자신의 상황에 맞춰 적절한 수단을 찾는 것이 슬기로운 여행 준비이다.

다음 순서대로 따라 해보자.

1. 스마트폰에 한국 철도청 앱인 '코레일톡', '고속버스티머니', '시외버스티머니' 등을 설치한다.

2. 서울-부산/광주 등 일주일 후나 한 달 이내의 왕복 기차나 버스 시간표를 조회한다.

3. 예매 버튼을 누르고 좌석까지 지정한 후 결제한다.

4. 예매한 표의 QR코드를 확인한 후 취소(반환)를 하자.
   취소 수수료는 없고, 있더라도 소액(1천 원 정도)이다. (주의! 당일 기차표를 예매하지 말자)

5. 코레일톡이나 고속버스티머니 앱이 익숙해지면, 가고 싶은 나라의 철도청 앱이나 버스 앱을 찾아서 설치한다.

6. 목적지를 선택한 후 편도 또는 왕복 기차 시간표를 조회한다.

7. 예매 버튼을 누르고 좌석을 지정한다.
   나라마다 환불 규정이 다르니 결제 전 단계까지만 연습해 보자.

예매할 때와 취소할 때
이건 꼭 기억하자

디지털 시대에 여행 준비는 예약, 예약, 또 예약이다. 이제 즉흥성은 어울리지 않는 말이 되어버렸다. 자유여행을 망설이는 이유도 예약이라는 깊은 수렁을 통과해야 하기 때문이다. 가 본 적도 없는 도시에서 돌아다닐 동선과 머물 시간을 미리 계산하려면 사차원 세계를 들락거려야 해서 머리가 빙글빙글 돈다. 새의 눈물만큼 있는 상상력을 동원하기 종종 버겁다. 예약 지옥에서 어떻게 예약을 최소화할 수 있을까? 예약을 취소할 경우에 어떻게 대처하는 게 현명할까?

출발 전에 예매할 것과 현지에서 예매하거나 구입할 것으로 나누어서 생각하자. 장거리 기차표나 버스표도 무조건 예매하기 전에 여행 갈 시기가 얼마나 성수기인지를 먼저 확인하자. 성수기라면 예매하고, 성수기가 아니면 가격 변동이 있는지 확인하자. 예매하는 이유가 무엇인가? 첫째, 표가 매진될 경우를 대비하는 것이고, 둘째, 가격 변동이 있으면 일찍 예매할수록 저렴하니 비용을 절약하기 위해서다. 셋째, 표를 사느라 줄 서는 시간을 낭비하지 않기 위해서이다. 세 경우가 아니면 힘들게 예매할 필요가 없다.

특히 출발 전에 '일일 교통권'까지 예매해서 바우처를 현지에서 바꾸는 사람을 종종 만난다. 전 세계 대도시에서 관광객을 위한 일일 교통권이 판매된다. 그 도시에서 하루 또는 정해진 시간 동안 이용할 수 있는 교통 카드이다. 대중교통을 무제한 탈 수 있는 경우도 있고, 매번 표를 사지 않아도 되는 이점이 있다. 일일 교통권은 여행자의 필수품인데 굳이 예매할 필요 없다. 매진되지도 않고, 가격 변동도 없기 때문이다. 구매하는 곳만 알아두고 현지에서 사면 간편하다. 어떤 도시에서는 충전용 교통카드를 판매한다. 이런 자잘한 것까지 예매 리스트에 넣지 말자.

유적지나 미술관 입장권을 예매하기 전에 살펴볼 사항이 있다. 디지털화로 관람권을 인터넷에서만 판매하는 미술관이나 관광지가 점점 늘어나고 있다. 일 년 내내 관광객의 발길이 끊이지 않는 가우디 건축물이나 유명 미술관과 박물관은 온라인으로만 입장권을 판매하고 있다. 또 하루 입장객 수를 제한하는 곳도 있다. 이런 경우 비수기라도 입장권을 예매하지 않으면 종종 매진된다. 특별한 제약이 없는 관광지나 박물관의 입장권은 출발 전에 예약 안 해도 괜찮다. 출발 전에 전부 예약한다면 전체 일정뿐 아니라 세부 일정까지 시간 단위로 다 세워야 해서 머리가 지끈거린다. 큰 틀에서만 계획을 세우고 인터넷으로만 입장권을 판매하는 곳의 표만 예매하자.

이동이 많은 여정이면 변수가 생기기 쉽다. A부터 Z까지 예약할 경우, 일정이 조금이라도 어긋나면 예약한 숙소와 표를 줄줄이 취소하고 환불

받아야 할 일이 벌어질 것이다. 이것만큼 골치 아픈 일이 없다. 지난해 코로나19로 예약했던 해외여행을 다 취소해야 했다. 천재지변에 가까운 재난을, 전 세계가 동시에 겪는 특수한 상황이었다.

이 시기에 자유여행을 계획하고 하나하나 예약했던 사람은 취소 정책이 항공사마다, 숙소마다 다 다르다는 것을 겪었다. 한 트레킹 동아리에서 20일 일정으로 몽블랑 트레킹을 계획하고 20일 머물 숙소를 모두 예약했다. 매일 걸어서 이동하는 일정이어서 예약한 숙소도 20개였다. 몽블랑 트레일이라는 특수성 때문에 주로 개인이 운영하는 산장에서 자야 하고, 성수기에 예약이 치열한 곳이라 예약이 불가피했다. 불청객 코로나19로 여행을 취소했다. 예약을 담당했던 이가 20개나 되는 숙소를 취소하면서 지옥의 문턱에 다녀왔다고 말했다. 몇 개월 동안 숙소 하나하나와 메일을 주고받으면서 지난한 취소 전쟁을 치른 후 환불을 쟁취했다.

이렇게 산이나 오지가 아니라면 숙박시설 선택의 폭은 비교적 넓은 편이다. 2주일 이상의 장기여행에서 출발 전에 모든 숙소를 예약하면 '취소 도미노'에 빠질 수 있다. 장기여행일 경우 출발 전에 일주일 치 숙소만 먼저 예약하고, 그 후에 머물 숙소는 두세 곳 정도 찜해서 위시리스트에 담아두자. 여행하면서 일정에 따라 찜해둔 숙소를 일주일 전에 예약하는 것이 좋다. 예약 만능 시대에 예약 안 하고 떠나면 불안할 수 있다. 그렇다면 반드시 백 퍼센트 환불 가능한 조건으로 숙소를 예약해야 한다. 똑같은 숙소라도 환불이 가능한지, 불가능한지에 따라 숙박비가 다르다. 환불 불가능한 조건은 숙박비가 더 저렴해서 유혹적이지만, 장기여행에서 환불 불가능 조건으로 예약하면 소탐대실하게 된다. 환불 가능한 조건으로 예약하는 것이 비싼 거 같아도 일정에 변동이 생기면 전액 환불받을 수 있어서 결국 비용을 절약할 수 있다. 환불 불가능 조건은 일정에 변동이 생겨도 숙박비를 돌려받지 못하는 것을 기억하자.

취소할 일이 안 생기면 좋겠지만 취소할 경우가 생긴다. 항공권 예약할 때 이름이나 날짜를 잘못 쓰는 경우도 있다. 자기 이름도 잘못 쓰는 바보 같은 실수를 누가 해, 하겠지만 내가 그랬다. 한번은 마드리드에서 바르셀로나로 가는 저가 항공인 부엘링을 예약할 때 내 영문 이름을 잘못 적었다. 실수는 순간이다. 방법은 취소하고 다시 예약하거나 환불이 안 되는 표라면 항공사에 연락하는 수밖에 없다. 요즘은 대부분 취소와 동시에 자동으로 환불이 가능해서 기다리면 되는 편이다. 하지만 절대적인 것은 없다. 자본주의 시스템에서 돈을 쓰기는 쉽지만 돌려받으려면 복잡하고 까다롭다. 예약하고 결제하는 시스템은 거의 비슷하지만 환불 체계는 업체마다 다르다.

체코를 여행할 때 장거리 버스표를 예약했다가 일정을 변경해서 취소하고 다시 표를 사는 일이 있었다. 두 번 다 다른 버스 회사였다. 한 버스 회사는 표를 취소하자마자 자동 환불 해주었다. 이는 우리가 알고 있는 방식이다. 또 다른 버스 회사는 표를 취소했더니 환불이 되었는지 알 수 없었다. 버스 회사로 환불에 대한 질문 메일을 보냈더니 다음 여행 예약을 위한 바우처로 환불되었다는 답 메일을 받았다. 아니, 언제 또 프라하에 올지 모르는데, 다음 여행 바우처라고? 결제한 카드 계좌로 현금으로 돌려받겠다는 이메일을 보내서 환불받았다. 하나의 시스템은 없으니, 취소하면 환불받을 때까지 신경이 쓰인다.

일정을 손안에 두려는 야심(?)으로 하루 일정까지 시간 단위로 계획하는 일은 지양하길 권한다. 하지만 대도시는 서로 닮아가고 획일화되어 여행자에게 예약을 강요한다. 대도시의 미술관, 공원, 박물관, 궁전 등은 모두 입장권을 홈페이지에서 온라인으로 판매한다. 홈페이지에 일일이 접속하고 싶지 않으면 예약 대행 사이트와 앱을 사용하는 것도 방법이다. 예약 대행 수수료를 조금 내야 하지만 합리적 가격이니 '클룩', '마이리얼트립' 같은 예약 대행 앱을 이용하면 편리하다.

클룩과 마이리얼트립 앱을 설치하고 예약할 수 있는 입장권과 액티비티를
찾아보자.

Chapter 4

Alone But Together
따로 또 같이 여행하라

여행에서 동행과 겪는 감정의 롤러코스터도 연애와 비슷한 특징이 있다. 여행 동행으로 만난 두 사람은 낯선 도시에서 서로 믿고 의지하는 가장 친밀해야 하는 조건부 관계이다. 여행이란 공통분모를 가지고 만났다. 서로 완전히 다른 환경에서 살았고, 다른 습관과 다른 세계관을 가졌다. 두 사람은 갈등을 피하려고 조심한다. 며칠 동안 자신의 본성(?)을 누르고 배려하고 양보하면 미묘한 기운이 둘 사이에 흐르곤 한다.

혼자라서 망설인다면
동행을 찾자

"저는 여행이 싫어요."

이렇게 말하는 사람을 가끔 만나곤 한다. 조금 더 이야기해 보면 이 사람이 싫어하는 것은 여행 자체가 아니라 '가족 여행'이다. 가족은 좋은 여행 동반자이지만, 가족과 함께 떠나는 여행은 '내 여행'이 아니다. 부모님과 함께 가면 효도 여행이 될 거고(물론 효도 여행도 필요하다), 아이들이 어리면 여행은 집 밖에서 돌봄노동의 확장판이 될 것이다.

'내 여행'을 꿈꾸지만, 이번 생에는 혼자 못 떠나겠으면 동행을 구하자. 가족보다는 친구와 떠나거나 여행 동행을 만들어 보자. 사회생활하고, 가정을 꾸리면 친구와 시간을 맞추기 쉽지 않다. 서로 휴가도 맞춰야 하고, 집안의 대소사도 챙겨야 한다. 셋만 되어도 서로 날짜 맞추기 힘들어서 여행 이야기를 하다 흐지부지하게 된 적이 있을 것이다.

가족이나 친구가 아닌 사람과 어떻게 동행할 수 있나?

인터넷 여행 카페에서 동행을 찾을 수 있다. 출발할 때부터 함께 떠나거나 현지에서 만나 일정 기간만 함께 다닐 수 있다. 2010년 모로코 여행을 계획할 때였다. 모로코에 대한 여행 정보도 많지 않았고, 인터넷에서 찾은 정보는 소매치기, 각종 사건과 사고, 호객행위를 하는 '삐끼'의 횡포 등 부정적 내용이었다. 모로코는 북아프리카의 이슬람 국가라는 프레임에 갇혀 테러와 위험이 가득한 이미지였다. 여행자들이 겪은 자잘한 사건이 인터넷에 올라왔고, 모로코는 위험천만하게 보였다. 우리 사회에서는 여행에도 유행 물결이 있다. 한 예능 TV 프로그램에서 장년 출연자들이 스페인을 자유여행하면서 겪는 이모저모를 담았다. 이 프로그램이 방영된 후 스페인을 여행지로 선택하는 한국인이 10배 이상 늘었다고 한다. 바르셀로나의 가우디 건축물에서 한국어 오디오 가이드의 해설을 들을 수 있을 정도였다. 하지만 한국어로 된 오디오 가이드는 단 세 군데서만 만났다. 한국인의 눈높이에 따른 스페인 관광청의 결정이었다.

모로코는 두드러진 매력을 가진 여행지로 아직 부상하지 않았다. 휴가가 짧은 한국인에게 다녀오기 너무 멀어서일까? 모로코의 관광 인프라가 충분하지 않은 탓도 있지만, 여행자 수가 적으니 모로코에 대한 전반적인 정보도 부족했다. 먼저 여행한 일부 여행자들의 경험을 접했고, 이 정보가 얼마나 좁은 시선이었는지 여행하면서 깨달았다. 여행을 떠나기 전에 테러와 사기를 당할 위험을 감수하고 혼자 모로코에 입국할 자신이 없었다. 인터넷 한 여행 카페에 동행을 구하는 글을 올렸고, 다행히 동행을 만났다.

돌이켜 보면 일면식도 없는 낯선 사람과 두 주 동안이나 동행하는 것은 또 다른 여행이었다. 내가 낯선 사람과 잘 지낼 수 있을까? 두려움을 극복하려는 방법이 오히려 의심을 낳았다. 이 여행이 좋은 여행이 될지 확신이 없었다. 동행의 여행 스타일도 모르고, 평소 습관도 모르는데, 매 끼니 같이 밥을 먹고 같은 방을 써야 하는 부담이 있었다. 나와 취향이 맞는 사람을 만나면 좋겠지만 그건 로망이다.

가족을 떠올려 보자. 오랫동안 함께 산 가족이라고 해서 나와 취향이 같은가? 달라도 너무 다르지만, 가족이니까 관성으로 함께 산다. 가족일수록 서로의 습관을 속속들이 안다. 매일 서로 취향이 다른 걸 목격하고 포기할 건 포기한다. 여행하면서 의견 일치가 안 되어 자신의 의견을 주장한 적은 없는가? 친한 친구여도 막상 여행 가면 가고 싶은 곳, 보고 싶은 것, 먹고 싶은 것 등 의견이 다른 것을 발견한다. 입 밖으로 말하면 쪼잔해 보이는 자잘한 일을 많이 겪는다.

이럴 때 우리는 현명한 방법이 무엇인지 알고 있다. 바로 양보와 배려이다. 오랫동안 관계를 맺은 애착 대상을 배려하는 것이 이상하게 더 힘들다. 낯선 사람보다 가족이나 친구에게 배려받기를 원할 때가 더 많다. 낯선 동행은 서로 맞지 않을 거라는 전제로 출발한다. 이 말은 일정한 분별력이 있는 성인이라면 상대를 배려하고 양보할 자세를 갖추었다는 말이다. 이는 연인이 처음 사귈 때와 같다. 서로 잘 모를 때 나를 다 드러내지 않는다. 조심스럽게 상대를 대하고, 배려하려고 노력한다.

의문을 품은 동행 찾기였지만 이 또한 좋은 경험이었다. 나와 취향이 전혀 다른 동행을 만나서 여행에 대한 내 시야를 확장하는 계기가 되었다. 나는 맛집을 찾아가는 시간도 아깝고, 미슐랭 가이드에서 평점을 높게 받은 식당에 쓰는 돈도 아까워한다. 나와 달리 동행은 먹거리에 관심도 많았고, 낯선 음식에 관대했다. 식당에 가면 동행은 여러 가지 메뉴에 관심을 보였다. 동행 덕분에 나 혼자라면 먹지 않을 음식을 이것저것 시켜서 먹어볼 기회를 누렸다.

누군가와 같이 여행하는 것은 그의 관심사에 나도 주의를 기울이는 일이다. 길들이기라면 너무 거창하고, 서로의 가치관과 습관이 알게 모르게

서로에게 스민다. 내 여행에서 음식이 차지하는 비중은 미미했는데, 동행 덕분에 음식도 여행의 한 부분으로 생각하게 되었다. 반면에 동행은 골목 걷기에 별로 관심이 없는 사람이었다. 그는 유명 관광지에서 더 흥이 나는 사람이었고, 나는 이름 없는 골목을 누빌 때 생기가 도는 사람이었다. 동행은 나 때문에 많이 걷고 관광지가 아닌 골목을 누볐다. 낯선 골목에서 동행이 곁에 있어서 든든했다. 길을 헤매면 동행과 나는 머리를 맞대고 지도를 보았다. 함께 여행은 서로 다른 두 사람이 교집합을 만드는 과정이었다.

연애할 때를 떠올려 보자. 감정의 롤러코스터에 탑승한 경험이 있을 것이다. 나를 바라보는 상대의 눈에서 꿀이 뚝뚝 떨어지는 시간이 쏜살같이 지나가고, 배려를 못 받는 것 같아서 사소한 것에도 서운해서 애면글면하는 시간이 뒤따른다. 영화 「최악의 하루」가 있다. 주인공 은희가 하루 동안 남산에서 세 명의 인연을 만나는 로드 무비이다. 은희의 연애를 통해 관계를 이야기한다. '연애는 남과 여, 두 사람이라는 최소한의 관계 속에서 자기 욕구가 노골적으로 드러나는 관계'라는 대사가 나온다. 즉 연애는 자기모순의 한계를 드러내는 서사라는 말이다.

여행에서 동행과 겪는 감정의 롤러코스터도 연애와 비슷한 특징이 있다. 여행 동행으로 만난 두 사람은 낯선 도시에서 서로 믿고 의지하는 가장 친밀해야 하는 조건부 관계이다. 여행이란 공통분모를 가지고 만났다. 서로 완전히 다른 환경에서 살았고, 다른 습관과 다른 세계관을 가졌다. 두 사람은 갈등을 피하려고 조심한다. 며칠 동안 자신의 본성(?)을 누르고 배려하고 양보하면 미묘한 기운이 둘 사이에 흐르곤 한다. 특별히 무슨 사건이 있어서가 아니다. 서로 상대를 '배려'한다고 생각해서 억누른 자아가 소리친다. 이런 생각이 들면 작은 일에도 예민해지곤 한다. 사소한 일에서 양보하는 횟수가 쌓여서 큰 사건 없이도 기분이 출렁이곤 한다.

이럴 때는 동행과 잠시 헤어져 보자. 따로 시간을 보내는 것이 슬기로운 해법이다. 오전에는 같이 다니고, 오후에는 각자 시간을 보낸 후 저녁에 호텔에서 만나기로 약속해 보자. 자신만의 관심사를 마음껏 발산한 후 저녁에 호텔에서 다시 만나면 생각보다 무척 반갑다. 낯선 도시에서 아는 얼굴을 만나면 피곤할 때 상큼한 과일 주스 한 잔 마실 때처럼 활기가 생긴다. 오후에 다시 만나서 각자 본 것을 나누면 난기류도 사라지고, 여행도 풍부해진다. TV프로그램 '알쓸신잡'을 기억하는가? 출연 패널들이 같이 여행 가서 따로 시간을 보낸 후 저녁 식탁에 모인다. 패널들은 저녁 먹으며 각자 낮에 본 것을 이야기하고 느낌을 서로 교환한다. 이 의미 있는 수다가 시청자를 끄는 매력 포인트였다.

천년의 고도시 페즈를 돌아본 후에 동행은 다른 일행을 만나 사막 투어를 갔고, 나는 매력적인 페즈에 조금 더 있고 싶어서 사막 투어를 다음 기회로 미루었다. 출발할 때 예정에 없던 일이었다. 페즈에 머물면서 나는 항구도시 에사우이라로 갔다가 카사블랑카를 여행했다. 동행과 모로코에서 일주일을 함께 보낸 후에, 모로코는 전혀 위험한 나라가 아니라는 결론에 이르렀다. 밤에 혼자 으슥한 곳에 가지 않고, 일반적인 주의만 하면 휘황찬란한 대도시보다 훨씬 안전했다. 주인이 자리를 비운 가게에 자물쇠가 없는 도시라면 도둑이나 강도가 없다는 뜻이다. 뉴욕에 가 본 적이 있는 사람은 뉴욕이 얼마나 위험한 곳인지 피부로 느낄 것이다. 뉴욕에서는 호텔 입구와 건물 입구에 총으로 무장한 경비원이 지키고 있다. 어느 곳이 더 위험할까? 주인도 안 보이고 자물쇠도 없는 가게를 열어둔 도시일까, 아니면 무장한 경비원이 건물을 지키는 도시일까? 이 사실을 알게 된 후 나는 카사블랑카 거리를 혼자 걷고, 걷다가 힘들면 볕이 아름다운 노천카페에 앉아서 피로를 덜었다.

동행과 여행을 시작했지만, 후반 일주일 동안 따로 여행했다. 나와 동행이 꼬박 2주일을 같이 보낼 필요는 없었다. 돌아올 때는 같은 비행기였으므로 공항에서 만났다. 카사블랑카 공항에서 아는 얼굴을 만나니, 오랫동안 못 본 절친을 만났을 때처럼 반가웠다. 돌아오는 비행기 안에서 동행은 사막 여행에 대해, 나는 에사우이라와 카사블랑카에서 겪은 일에 대해 주고받았다. 긴 비행시간 동안 우리는 알아도 쓸데없는 신변잡기, 우리만의 '알쓸신잡'을 찍었다. 멈추지 않는 수다로 여행을 마무리했다.

가족과 함께 떠나서
혼자만의 시간을 보내자

여행을 떠나는 이유는 하나지만 여행을 떠나지 못하는 이유는 사람마다 다르다. 시간이 없어서, 일 때문에, 가족 때문에, 집이 아니면 밤에 잠을 못 자서, 혼자 밥을 못 먹어서 등등. 사소해 보여도 개인에게는 뒷목 잡을 이유이다. 비혼은 떠나기 비교적 덜 어렵다. 혼자 몸이라 직장에서 휴가 일정만 잘 조율하면 된다. 기혼 여성의 고민은 복잡하다. 남편과 아이가 끼니를 제때 못 챙겨 먹을까 봐, 집안 꼴이 엉망이 될까 봐 걱정한다. 며칠 먹을 반찬을 한꺼번에 다 해서 냉장고에 넣어 놓고, 이불 빨래, 대청소 등 식구들 불편할까 봐 이것저것 챙기느라 출발하기도 전에 에너지를 몽땅 소진한다. 이 시간이 싫어서 여행 안 간다는 사람도 많다.

기혼 남성은 끼니 걱정, 집 걱정 안 하는데, 왜 여자만 늘 걱정하는가? 밥은 여자만 해야 하나? 집을 비우면 애들보다 남편이 걱정이라는 말도 종종 듣는다. 밥은 집에서 먹어야 한다는 생각을 바꾸자. 집 밖으로 나가면 눈에 보이는 게 식당이다. 마트에는 데우기만 하면 되는 즉석 반찬도 많다. 동네마다 엄마 손맛을 자랑하는 반찬가게도 있다. 게다가 한국은 배달 강국이다. 스마트폰에 배달앱만 설치하면 주문 안 되는 게 없다. 먹거리로 넘치는 시대에 왜 끼니 걱정을 하는가? 설령 한두 끼 걸러도 건강에 해가 되지 않는다. 현대인에게 문제는 너무 높은 칼로리이지 굶어서 문제가 아니다. 살림꾼은 하루만 집을 비워도 집이 엉망이 된다고 한다. 집이 좀 엉망이면 어떤가? 분양 대박을 노리는 모델 하우스처럼 집을 정돈해야 마음이 안정된다면, 과연 누구를 위해서인지 생각해 보자. 식구를 위한 것인지, 자신이 못 참기 때문인지? 일주일쯤 청소 안 해도 집안 꼴은 그대로다.

식구들은 하루 이틀은 아내의 부재, 엄마의 부재를 '불편'해할 것이다. 그리워하는 게 아니라는 걸 명심하자. 사람은 적응의 동물이다. 챙겨줄 아

내가, 엄마가 없어도 식구들은 잘 먹고, 잘 자고, 잘 산다. 며칠 집을 비우고 걱정에 싸여 집에 돌아오면 식구들이 아내의, 엄마의 빈자리는커녕 왜 벌써 왔는지 물어서 배신감을 느낄 수도 있다. 아내의, 엄마의 고정된 자리는 없다. 아내의, 엄마의 고정된 생각만이 있을 뿐이다. 아내도, 엄마도 일 년에 한 번 3박 4일 정도 혼자 또는 친구와 여행 가겠다고 선언하자. 끼니는 알아서 해결하라고 말해 보자. 식구들은 처음에는 저항하겠지만 결국 받아들이고, 잘 적응할 것이다.

가족이 아닌 다른 사람과의 여행을 생각조차 안 하는 사람도 많다. 한국 사회에서 가족은 하나라는 공동체 의식이 있다. 시대가 변했어도 가족 중심주의는 여전하다. 가족은 하나가 아니라 개성이 다른 개인이 모인 공동체이다. 같은 부모에게서 태어난 아이들도 성격이 다르다. 결혼제도로 묶인 부부는 당연히 다른 사람이다. 부부는 일심동체가 아니라 '이심이체'이다. 가족은 개성이 다른 구성원이 모여 불협화음을 내기도 하고, 화음을 내기도 한다. 가족이 모든 것을 같이 해야 화목한 것이 아니다. 함께 보내는 시간의 양보다 질이 중요하다. 서로 다른 사람이 모인 공동체라는 사실을 인정하고, 각자 보내는 시간도 필요하다. '함께 있지만 필요하면 따로'라는 의식의 균형을 찾는 것이 중요하다.

아이들이 어리다면 아이를 두고 여행을 계획하는 일은 현실적으로 힘들다. 하지만 아이가 십 대라면 상황은 달라진다. 십 대 아이들에게 365일 동안 부모가 밀착해서 살펴도 해줄 수 있는 것이 많지 않다. 아이와 심리적 거리 두기를 해 본 적이 없는 부모, 특히 엄마는 물리적으로 아이와 거리 두기를 두려워한다. 엄마라는 정체성은 가족과 떨어져 여행하는 데 걸

림돌이다. 결혼 후 엄마로만 살면서 여행이라고는 가족 여행이 전부인가?

가족 여행은 식구들과 관계가 돈독해지는 시간이지만 '나'를 소멸시키는 여행이다. 엄마는 가족을 챙기고 배려하느라 자신을 돌볼 여유가 없다. 엄마에게 여행은 가사노동과 돌봄노동의 연속이다. 가족 여행은 '찐' 여행이 아니다. 심지어 여행(실은 가족 여행)을 싫어한다는 말을 하기에 이른다. 가족이 전부인 사람은 이렇게 말한다.

"애들 다 크면 그때 나를 위한 여행을 갈 거야."

'내 여행'을 계속 미룬다. 그 안에서 보낸 시간이 길수록 울타리를 나갈 기회가 생겨도 겁부터 난다. 이런 경우 가족 곁을 떠날 수 없는 사람이라고 인정하자. 자신의 모습을 부정해서 속이는 대신, 받아들이고 대안을 모색하자. 일단 가족과 함께 떠나서 앞에서 말했듯이, '따로 또 같이' 콘셉트로 여행을 계획해 보자.

가족 여행을 갔다가 서로 의견이 달라서 다툰 적이 있는가? 별것 아닌 일로 싸워서 여행을 망친 기억이 있는가? 왜 다퉜는지 기억하는가? 구체적 이유는 기억도 안 난다고 말하겠지만, 이유는 단 하나이다. 개성이 다른 사람이 며칠씩 같이 보내기 때문이다. 여행 가면 눈 떴을 때부터 잠들 때까지 같이 시간을 보낸다. 사람은 변덕스러워서 계속 혼자 있어도 힘들고, 다른 사람이랑 계속 같이 있어도 힘들다. 문제점을 알면 해결책도 찾을 수 있다. 혼자서도 시간을 보내고, 함께도 시간을 보내자. 정말 간단하다. 일단 하루나 반나절 동안 가족과 헤어지는 연습을 하면 된다.

아침에 호텔에서 나가 각자 원하는 곳에서 시간을 보내자. 짧은 시간이지만 헤어지는 기분과 만나는 기분을 동시에 느낄 수 있다. 저녁에 호텔에서 만나도 좋고, 점심 식사 약속을 하고 적당한 곳에서 만나도 좋다. 아는 사람 하나 없는 낯선 도시에서 점심 약속이라니, 흥분되지 않나? 반나절만 따로 보내도 항상 곁에 있어서 소중한 줄 몰랐던 사람이 새롭게 보인다. 잠깐 인사말을 주고받으며 스쳤던 여행자를 어딘가에서 다시 만나도 반가운데, 가족을 다시 만나면 상상보다 훨씬 반갑다.

요즘 어디에서나 와이파이가 잘 되어 카카오톡과 카카오 보이스로 통화도 할 수 있어서 못 만날 일은 없다. 연락이 안 될 경우, 전혀 다른 방향에 있어서 만나기 애매한 경우, 저녁에 호텔에서 만나면 된다. 길치라고요? 자신이 어디에 있는지 모르겠다고요? 택시를 잡아타고 머무는 호텔 명함을 운전기사에게 내밀면 된다. 말 한마디 안 해도 택시 기사가 알아서 호텔 앞에 데려다준다. 길 잃을 걱정은 넣어두자. 쓸데없는 걱정은 넣어두고 택시 타는 것 정도는 혼자 할 수 있지, 하는 배짱을 챙기자.

혼자 몇 시간 보내는 것만으로도 가족 여행이 갑자기 '내 여행'으로 바뀔 수 있다. 유명 관광지에 힘들게 찾아갈 필요도 없다. 일행, 즉 가족과의 관계 그물에서 잠시 벗어나 숙소 근처를 혼자 천천히 걷다가 마음에 드는 카페나 식당을 발견하면 들어가 보자. 혼자 주문도 해 보고, 밥도 먹어보자. 자유여행의 첫걸음은 혼자 밥 먹고, 걷고, 차 마시는 여유를 누리는 것이다. 머릿속에 헤어진 가족이 붙박이 옷장처럼 자리 잡고 있어서 온전히 혼자인 느낌은 안 나겠지만, 은근한 해방감을 맛보기에 충분하다.

혼자 있으니 심심하고 무엇을 해야 할지 모르겠다고 말하는 사람도 많다. 혼자 밥 먹으니 맛도 없고, 배도 안 고프다고 말하는 사람도 만난 적 있다. 아무것도 안 먹고 싶다는 사람도 있다. 정서적으로 의지하는 가족과 떨어진 것을 즐거움이 아니라 고통으로 느끼는 사람이다. 이럴 경우,

그냥 자신을 그대로 인정하자. 혼자보다 가족 울타리에서 더 안정감을 느끼고, 재미를 찾는 성향인 걸 찾아내도 의미 있다. '저기'가 아닌 '여기'에 집중할 테니까. 모든 사람이 혼자 여행을 꿈꾸지는 않는다. 직접 해 보고 단념하는 것과 안 해 보고 포기하는 것은 다르다.

이 책을 들춰본 사람은 적어도 가정을 이루기 전에 혼자서도 시간을 잘 보냈을 가능성이 크다. 그동안 자신의 독립적 성향을 잊고 살았을 것이다. 혼자 있는 시간을 즐기는 사람은 가족과 잠시 헤어지면 잊고 있던 '자유의 맛'을 금방 기억해낼 것이다. 가족 생각은 하나도 안 나고 시간이 빛의 속도로 흘러서 아쉬워할 것이다. 자신의 상황에 맞게 가족 여행에서 '내 시간'을 궁리해 보자.

사람이 꽃보다
아름다워

　홀로 여행은 묵언 수행하는 수도승처럼 모든 접촉을 차단하고, 고립의 시간을 보내는 것이 아니다. 자유여행이 주는 뜻밖의 재미는 길 위에서 스치는 사람들과의 인연에 달려있다. 독일의 한 철학자는 '도시를 완성하는 것은 사람'이라고 했다. 도시는 사람이 만든 건축물, 거리로 이루어지고, 도시만의 고유한 색을 칠하는 것은 바로 사람이다. 문화는 그 도시에 사는 사람들에게서 나온다.

　이스탄불에 초여름에 한 번, 초겨울에 한 번 다녀왔다. 초여름의 이스탄불은 총천연색으로 만들어진 팝업 그림책처럼 입체적이었다. 거리에, 노천카페에, 파란 잔디밭에 사람들이 북적였다. 대기에 생기가 넘쳤다. 길 가다 벤치에 앉아 거리를 바라만 봐도 흥 게이지가 치솟았다. 이런 기억을 품고 초겨울에 다시 이스탄불에 갔는데, 내가 아는 도시가 아니었다. 사람이 빠진 거리는 인공적 아름다움을 전시하는 테마파크 같았다. 사람들의 법석임이 없는 무음의 거리는 적막하고 텅 비어 스산했다. 우울하고 대책 없어 보였다. 물론 내 마음이 그랬겠지만. 사람의 온기가 거리의 표정을 결정하고, 내 기분을 휘둘렀다.

오지 여행이 아니라면 여행자, 현지인 등 많은 사람과 옷깃을 스친다. 혼자 여행할 때 조심할 대상도 사람이고, 여행에 향기를 더하는 것도 사람이다. 사람이 빠진 여행은 비빔밥에서 향긋한 참기름 한두 방울이 빠진 맛이다. 나는 '사람이 꽃보다 아름답다'는 말을 좋아한다. 동공을 확장하게 하는 그 어떤 절경도, 어떤 맛있는 음식도 사람만큼 강렬한 기억을 남기지 않는다. 비슷한 여행자를 만나면 외면하지 말고 호기심을 가져보자. 말은 호기롭게 하지만, 나는 항상 의심을 주머니에 넣고 다닌다. 내 경계심을 홀딱 들킨 적이 있다. 모로코 서쪽에 있는 항구도시인 에사우이라의 메디나(이슬람 도시의 구시가) 미로를 두리번거리며 걷고 있을 때였다. 골목에 서 있던 하미드가 내게 불쑥 말을 걸었다.

"너 얼굴에 경계심이 너무 많아. 릴랙스 해."

"내 얼굴에서 그게 보여? 여행 오기 전에 모로코에 대해 안 좋은 이야기를 많이 들어서 그래."

"안 좋은 일은 모로코에서만이 아니라 전 세계 어디에서나 일어날 수 있어. 그건 모로코인들 탓이 아니야."

하미드의 말이 옳았다. 나는 선입견으로 코팅한 검은 안경을 쓰고 여행하고 있었다. 그는 자신의 가게로 나를 초대했다. 작은 항구 마을에서 오라는 사람도 없고 마땅히 가야 할 곳도 없던 터였다. 머뭇거리다 선입견 안경을 벗어보기로 했다. 그를 따라 골목에 있는 작은 가게로 들어갔다. 입구는 아치 모양이었고, 내부는 길쭉해서 마치 굴속으로 들어가는 것 같았다. 유용하게 보이는 물건은 하나도 없었다. 무엇을 파는 가게인지 명확히 알기 힘든 만물상이었다. 그는 모로코 국민차인 민트 차를 내주었고, 서로 신상정보를 주고받았다. 하미드는 흥이 많았다. 에사우이라 뮤직 페스티벌이 열린다고 알려주었고, 북아프리카의 전통음악부터 페스티벌에 참가한 가수가 부른 노래 몇 곡을 들려주었다. 세계 공통어인 음악을 들으면서 긴장이 풀렸다. 그와 한 시간 넘게 이야기를 나누고 헤어졌다. 에사우이라를 떠올리면 바닷가, 칠이 벗겨진 낡은 건물이 자아내는 독특한 느낌의 골목, 그리고 하미드와 보냈던 오후가 생각난다. 하미드가 없는 에사우이라는 어땠을까?

길에서, 가게에서, 숙소에서 만난 사람들과 한마디 정도는 주고받는다. 숙소에서 만난 여행자들과는 여행이란 공통 화제가 있다. 지나온 여정과 앞으로의 일정에 대해 서로 이야기를 나누면 생각지 못한 생생한 정보를 얻을 때도 있다. 또 다른 곳에 사는 사람의 여행 방식과 가치관을 통해 내 시야를 확장할 수 있다. 개방적이고, 친화력이 좋은 사람은 언어가 서툴러도 스스럼없이 사람에게 다가간다.

독일의 뉘른베르크 성에 갔을 때였다. 성 매표소에서 일하는 나이 지긋한 직원이 내가 한국인인 걸 알고, 표를 건네주면서 대뜸 '우물'이라는 한국말을 했다. 순간 너무 놀랐다. 안녕하세요, 고마워요, 같은 말이었다면 웃고 말았을 것이다. 전혀 예상치 못한 장소에서 '우물'이란 단어를 들을 거라고 누가 상상했겠는가? 우물은 한국에서도 듣기 힘든 말이다. 나중에 알고 봤더니 성 뒷마당에 깊이가 57미터나 되는 우물이 있기 때문이었다. 덕분에 크게 웃었고, 그와 몇 마디 나누었다. 사람에게 다가가는 것은 이런 것이다.

　　동생과 터키의 남서부에 있는 항구도시 안탈리아를 여행할 때였다. 동생은 한 액세서리 가게에서 마음에 드는 팔찌를 발견했다. 가격표를 보고 터키어로 "인디림(깎아주세요)"이라고 말했다. 순간 가게 주인은 활짝 웃으면서 뜻밖에도 꿀이 뚝뚝 떨어지는 눈으로 동생을 보았다. 주인은 흔쾌히 깎아주었고, 우리가 가게를 나올 때까지 눈에서 하트를 발사했다. 주인은 여자다. 오해 마시길. 짧은 터키어의 마법이었다. 동생은 영어를 전혀 못 하지만 눈치 만렙이며 보디랭귀지에 강하다. 특히 영어가 통하지 않는 곳에서 동생의 눈치가 빛을 발한다. 터키에는 흥정해야 하는 상점이 많았다. 동생은 "파할라(비싸요)"와 "인디림" 단 두 마디로 상점가에서 마스코트가 되었다. 내성적인 사람이 먼저 낯선 사람에게 다가가려면 용기가 필요하다. 하지만 여행은 안 해 본 것도 하게 하는 마력이 있다. 식당에서 나올 때 계산만 하지 말고, 엄지손가락 척 올리며 맛있다고 한마디 덧붙이는 넉살을 부려보자. 한번 먼저 다가가면 두 번도 다가갈 수 있다. 그다음에는 더 편하고 자연스럽게 먼저 말을 걸 수 있다.

여행지에서 내가 먼저 말 걸지 않으면 아무도 내게 말 거는 사람이 없을 때가 많다. 특히 유럽에서는 극동아시아의 한국이라는 조그만 나라를 모르는 사람도 많아서 내 존재감조차 미미하다. 며칠 동안 얼마예요, 계산서 부탁해요, 감사합니다, 안녕히 계세요, 같은 기능어만 말하면 내가 감정이 있는 사람이라는 것을 외치고 싶은 순간이 찾아온다. 이런 절박한 상황이 되면 먼저 말을 건다. 그럴 때마다 내 과감함(?)에 나도 놀란다. 한 사람에게 여러 가지 얼굴이 있다. 늘 같은 얼굴만 사용해서 그 사실을 잊고 살 뿐이다. 여행을 통해 숨겨진 내 얼굴을 보곤 한다.

한국에서 친구는 또래를 뜻하는 좁은 개념이다. 우리는 학교와 직장에서 나이, 직업, 경력 등이 비슷한 사람과만 어울리는 일생을 보낸다. 또래가 아닌 사람을 선배, 후배, 지인 등으로 부른다. 여행은 이 좁은 테두리에서 벗어날 기회이다. 나이와 계급장 다 떼고 모두 여행자라는 똑같은 신분으로 사람을 만날 수 있다.

중장년 여행자와 청년 여행자가 친구가 될 수 있을까? 중장년 여행자라면 지적질을 자제하고 자신의 경험만 옳다고 주장하는 꼰대가 되지 않도록 조심해야 한다. 자신의 경험이 모든 사람에게 재미있고 의미 있진 않다. 트레킹 동호회에서 예순이 넘은, 친화력 좋은 분을 만난 적이 있다. 그가 여행지에서 친구를 사귀는 비법은 '지갑은 열고 입은 닫고'였다. 말이 통할 거 같은 사람에게 맥주 한 잔이나 커피 한 잔, 또는 비싸지 않은 밥 한 끼를 먼저 대접한다고 했다. 그러면 대부분 나이를 잊고 여행 친구가 된다고 한다. 낯선 도시에서 모국어를 쓰는 누군가에게 호의를 받으면 호감이 생기는 것은 세상살이의 진리이다. 맥주 한 잔에 담긴 따뜻함이 통하면 사람에 대한 추억이 생긴다. 사람의 마음은 아주 사소한 배려에 움직인다.

베트남의 수도 호찌민을 여행할 때였다. 오후에 한 가족이 운영하는 작은 호텔에 도착해서 체크인한 후 내 예약 결과를 얼른 확인하고 싶었다. 방을 먼저 보고 싶었지만, 리셉션 직원은 느긋하기만 했다. 차를 내어주면서 "뭐가 급해. 차 다 마시면 방을 보여줄게"라고 말했다. '차에 수면제라도 탔으면 어쩌지? 정신 똑바로 차려야지.' 경계경보 스위치가 작동했다. 로비에 앉아 차를 마시는 척했지만 좌불안석이었다. 시간을 적당히 보낸 후 차 다 마셨으니 방으로 가고 싶다고 말했다. 대부분 호텔이 그렇듯이 스태프가 교대로 근무해서 근무 당번이 매일 달랐다. 근무 당번이 누구든 저녁에 투숙객이 하루를 마치고 로비에 들어서면 오늘 하루는 어땠는지 물어보며, 반갑게 인사를 건넸다. 손님에게 간단한 국수와 과일, 차를 권했다. 물론 수면제는 들어있지 않았다. 처음에는 그들의 환대 방식이 어색했다. 이틀쯤 지나니 나도 모르게 사람을 대하는 친절과 개방성에 동화되었다. 아침저녁에 로비에서 만나는 여행자들에게 내가 먼저 말을 걸고 있었다. 호텔에 도착했을 때, 직원의 진심 어린 환대를 의심해서 너무 미안했다. 여행을 마치고 호텔을 떠나기 전에 "다음에 호찌민에 오면 꼭 다시 올게" 진부한 말로 내 의심을 사죄했다. 그들의 환대 덕분에 호찌민에서는 내 마음에 쳤던 두꺼운 커튼을 걷어 올릴 수 있었다. 현지 투어를 함께 했던 사람들에게 스스럼없이 내가 먼저 다가간 여행이었다. 혼자 떠났지만 여러 사람과 더불어 한 여행이었다. 지금도 호찌민을 떠올리면 마음이 몽글몽글하다.

영국의 낭만주의 시인 윌리엄 워즈워스는 걸어서 여행하며 보고, 느낀 자연을 묘사했다. 워즈워스는 여행 중에 사람을 만나서 인사를 나누고 사람들과 허물없이 이야기를 주고받기 시작하면 외로운 길이 학교가 된다고 했다. 길 위에서 만난 사람에게 먼저 다가가서 말을 건넬 수 있는 것도 여행의 힘이다.

현지 여행사로
두 마리 토끼를 잡자

　대도시에는 당일 여행 또는 숙식을 포함한 여행 상품을 제공하는 현지 여행사가 많다. 나라마다 도시마다 특색 있게 발달했다. 베트남의 경우에 베트남식 관광 인프라가 발달했다. 여행자가 개별적으로 소도시를 여행하기에 불편한 편이라 현지 여행사가 무척 발달했다. 호찌민이나 하노이의 여행자 거리에 가면 현지 여행사 사무실이 모여 있다. 베트남에 가면 현지 여행사 상품을 적어도 한 번은 이용하게 된다. 당일 투어부터 숙박 투어까지 다양해서 여행 기간과 취향에 따라 고를 수 있다. 호텔에서도 현지 여행 상담과 예약 대행을 해주기도 한다.

　하노이에 머물면서 현지 여행사를 통해 베트남 북서 지방인 사파로 1박 2일 트레킹을 다녀온 적이 있다. 1박 2일 멤버는 베트남인 가이드, 친구끼리 온 독일인 두 명, 독일인 커플 두 명, 캐나다에서 온 은퇴자 한 명, 그리고 나였다. 덥고 습한 날씨에 얼굴이 빨개질 정도로 땀 흘리며 구불구불한

다랭이 논 사잇길을 종일 함께 걸었다. 어느 순간 산속에 들어가 걷고 있었고, 해가 져서 어두웠다. 산골이라 도시의 어둠과 깊이가 달랐다. 짙은 어둠 속에서 졸졸 흐르는 냇물 소리가 들렸고, 우리는 마침내 멈추었다. 그날 밤 묵을 민박집 앞이었다. 베트남 산골 마을과 생활을 잠시라도 가까이서 보고 싶어서 선택한 숙소였다. 허름한 목조 가옥이라 불편했지만 젊은 주인 부부의 유쾌한 환대가 불편함을 다 덮었다. 그들이 차려준 저녁을 먹으며 반주로 '해피 워터'란 별명으로 불리는 32도짜리 전통주를 마셨다. 우리 일행은 처음엔 조심스럽게 잔을 비웠다. 이야기가 무르익으면서 술잔을 채우면 비우기 바빴다. 배도 부르고, 혈중알코올농도도 적당히 올라가자 주인 부부가 일어나서 음악을 틀고 "댄스 타임"을 외쳤다. 어둠의 품에 안긴 베트남 산골에서 여행자라는 정체성으로 하나가 되었다. 한국인인 나를 위해 가수 싸이의 노래 "강남스타일"을 떼창하며 말춤으로 대동단결했다. 고단했던 하루를 치솟은 흥으로 마무리했다. 일행과 아침에 처음 만났지만, 저녁에 조촐한(?) 유흥 활동까지 함께 한 후에는 같은 배를 타고 항해하는 동지 같았다. 여행이란 배에 올라 같은 시간, 같은 곳에 다른 이유로 찾아간 동지. 서로 다른 언어와 문화의 틈에 희미한 연대감이 스며들었다. 다음날 아침 식사 후 어제의 용사들은 단체 사진을 찍고, 사진 한 장씩 간직한 채 헤어졌지만 말이다. 사진 밖 시간을 가슴에 아로새기고 베트남을 떠났을 것이다. 혼자 떠났지만, 홀로 여행이 아니었다. 이해 관계없이 순수하게 사람이 그리울 때면 베트남 여행이 떠오르곤 한다.

코로나19 이후 해외여행이 재개되면 현지 사정은 바뀔 수 있다. 그렇더라도 현지 여행사는 어떤 형태로든 서비스를 다시 제공할 것이다. 코로나

19 이전에는 현지 여행사 춘추전국시대였다. 지방자치단체도 도시를 홍보할 목적으로 프로그램을 운영하기도 한다. 유럽의 대도시 홈페이지에 접속하면 무료로 진행되는 워킹 투어 프로그램을 찾을 수 있다. 주로 구도심 역사 지구에서 이루어지고, 두 시간에서 네 시간 정도 걸어서 가이드가 설명하며 이끈다. 이 시간은 살아있는 역사 시간이다. 대부분 영어로 진행되는 단점이 있지만, 외국어에 부담이 없다면 또는 외국어를 배우고 싶다면, 체험해 보면 좋다. 실용가이드북에는 없는 도시 이야기를 엿볼 수 있다.

개인이 운영하는 여행사는 여러 가지 프로그램을 제공한다. 대중교통이 불편해서 개별적으로 가기에 주저하게 되는 소도시에 다녀올 수 있다. 시내의 정해진 곳, 대부분 그 도시의 중앙역 앞이나 광장에 모인 후 출발하고, 저녁에 같은 장소에 데려다준다. 대중교통으로 접근하기 힘든 곳에 편하게 다녀올 수 있다. 거점 도시를 정하고 주변 근교를 여행할 때 좋다.

여행사 상품을 선택할 때 주의할 점이 있다. 비슷한 상품인데 여행사마다 가격이 다르다. 이 경우 투어 비용에 포함된 사항을 살펴봐야 한다. 식사비용이나 입장권 비용이 포함되어 있는지, 가이드팁을 따로 줘야 하는지 등이 명시되어 있는데 놓치지 않도록 주의하자. 무조건 저렴한 여행 상품을 선택하는 것은 좋지 않다. 다른 여행사보다 저렴할 경우 추가 요금을 내야 하는 경우도 있으니 상품에 포함된 사항과 포함되지 않은 사항을 살펴본 후 자신에게 맞는 선택을 하는 게 좋다.

한국인이 운영하는 현지 여행사도 있다. '유로 나라' 같은 여행사는 개별 여행자에게 유용한 서비스를 제공했다. 스페인 여행을 할 경우 마드리드에서 모여 일정 기간만 함께 여행하는 상품을 제공했다. 도시 간 이동 부담은 줄이고 자유여행의 묘미를 누릴 수 있었다. 유럽 여행에서 건축물, 성당, 미술관 등은 아는 만큼 보인다. 현지 여행 가이드는 그 나라의 역사나 문화를 전공하는 유학생이나 전문 지식을 가진 사람이다. 문화에 얽힌 역사적 배경을 잘 설명해줘서 대체로 도움이 된다는 평을 받았다. 동남아시아 여행할 때도 현지 여행사를 통해 당일이나 숙박여행으로 대도시 근교에 다녀올 수 있다. 한국말을 지원하는 현지 여행사도 있어서

언어에 대한 부담도 없다.

　언어 때문에 현지 여행사는 그림의 떡이라는 생각은 접어두자. 언어를 몰라도 뜻이 있는 곳에 길이 있다. 일본 가가와현에 있는 소도시 다카마쓰에 갔을 때였다. 다카마쓰는 사누키 우동의 본고장으로 우동 투어버스가 있다. 다카마쓰 시에서 운영하는 것 같았다. 우동 투어버스 예약 사이트는 영어도 한국어도 지원되지 않고, 현기증을 부르는 일본어로 빽빽하게 적혀있었다. 세부 일정을 정하지 않아서 우동 투어버스를 둘째 날 밤에 호텔에서 스마트폰의 작은 창을 열고 예약했다. 이름과 여권번호 등 개인 정보란을 채워야 해서 알파고와 대결하는 것 같은 집중력을 발휘해야 했다. 가가와현 공식블로그에 있는 상세한 설명 덕분에 무사히 예약을 마쳤다.
　다음날 아침 투어 버스 출발 장소로 갔다. 투어 가이드는 노령의 일본인이었고, 영어도 한국어도 전혀 못 했다. 투어 버스에 탄 여행객은 일본인 2명, 한국인 6명이었는데 처음부터 끝까지 일본어로 진행되었다. 알아들을 수는 없었지만, 가이드는 성실하게 하루 일정을 설명하는 것을 느꼈다. 반나절 만에 유서 깊은 우동 집 세 곳에 가는 일정이었다. 다시 말하면 반나절 만에 우동을 세 그릇이나 먹어야 하는 '위대(胃大)'해야 하는 여정이었다. 가이드는 이동할 때마다 우동의 역사와 차이 등등에 대해 말하는 것 같았다. 한국어와 발음이 비슷한 단어만 드문드문 귀에 들어왔다. 우동집에서 일본 여성과 같은 테이블에 앉았다. 그는 나고야에 살고 시간이 나면 종종 혼자 여행을 다닌다고 했다. 영어가 서로 서툴러서 대화를 나눌 때 몸짓까지 동원하는 바람에 슬랩스틱 코미디를 하는 것 같았다. 우동의 역사를 알지 못했지만, 사누키 우동의 본고장에서 독특한 여행을 했다. 더불어 내 또래의 일본 여성과 여행 이야기를 주고받으며 심심하지 않게 하루를 보냈다.

현지 여행사를 이용하는 데 가장 주저하게 만드는 것은 무엇일까? 언어가 안 통해서 답답한 게 무엇인지 생각해 본 적 있는가? 나를 버리고 (?) 가는 것 아닐까? 이런 일이 '만약' 일어난다면 억세게 운이 없는 자신을 탓해도 좋다. 버스에 안 탄 사람을 버리고 출발하는 경우는 극히 드물다. 가이드의 중요한 임무 중 하나는 '버스 승객수 총량'을 유지하는 일이다. 가이드를 못 믿겠으면 옆 좌석에 앉은 사람이나 내 말에 귀 기울여 줄 사람을 한 명 찍자. 그에게 말을 걸고 나의 존재를 알리는 것도 하나의 방법이다. "내가 안 타면 가이드에게 말해줄래?"라고 뻔뻔하게 말해 두면 더 확실하다. 말 안 해도 버스투어 여행자는 옆 좌석이나 앞 좌석에 탔던 사람이 없으면 가이드에게 알려주기 마련이다. 나도 버림받을(?) 경우를 대비해서 버스에서 내릴 때 가이드에게 모이는 장소와 시간을 다시 확인하는 편이다. 현지 여행사 투어도 할수록 요령이 생긴다. 현지 여행 상품이 발달한 도시에서 현지 여행사를 이용하면 친구도 사귀고, 풍성한 여정을 만들 수 있다.

클룩이나 마이리얼트립 같은 앱, 또는 그 도시의 홈페이지에서 현지 여행사에서 진행하는 투어를 손쉽게 예약할 수 있다. 예약할 때 어떤 언어로 진행하는지 꼭 확인하자.

Chapter **5**

My Travel Story
'찐' 여행은 여행 전과
후에 완성된다

여행은 준비할 때부터 시작된다. 여행 준비기는 프롤로그나 여행 전(前)일담이라고 부를 수 있다. 여행 준비 중에 보고, 겪고, 느낀 점을 메모하면 된다. 여행 준비는 떠나지 않고 하는 여행이다. 떠나지 않는 게 여행이라니? 여행은 떠나는 게 핵심 아닌가? 맞다. 실제로 떠나지 않고 마음으로 떠나는 여행이다.

떠나지 않고 여행하기,
여행 전일담

여행기는 여행 다녀온 후에나 가능한 거 아닌가?

프랑스 사회학자이자 작가인 다비드 르 브르통의 산문집 『걷기 예찬』에 '여행은 어떤 것이나 다 담화요 이야기다'란 말이 있다. 이 말에는 '여행은 나만의 이야기를 하는 시간'이란 뜻이 함축되어 있다. 유명 도시의 클리셰도 참신한 것으로 다시 태어날 수 있다.

서울에 사는 사람에게 한강 다리는 출퇴근을 위해 건너는 일상적 공간이다. 반면에 서울에 처음 온 사람에게 한강 다리는 스펙터클일 것이다. 강폭이 넓어서 다리가 길고, 다리 위로 붐비는 차량과 사람들의 무심함에 놀랄 것이다. 강변을 따라 빽빽하게 늘어선 고층 아파트와 건물에 주목할 것이다. 같은 사람이 같은 장소에 가더라도 매번 느낌이 다르다. 파리에 처음 갔을 때와 두 번째 갔을 때 느낌이 다르다. 같은 도시라도 화창한 날씨일 때와 하늘에 회색 구름이 흘러갈 때 그 느낌이 다르다. 왜 그럴까?

사람의 감정은 한순간도 정지한 적이 없는 천체와 같기 때문이다. 하늘은 고정된 것처럼 보이지만, 사실은 끊임없이 움직이고 있는 것과 비슷하다. 사람의 감정은 찰나를 포착하고 인식하면서 생긴다. 여행지에 대한 감흥은 개인의 심리 상태와 밀접한 관계가 있다.

여행지에 대한 자료 탐색은 무의식중에 생긴 심리적 파장에서 기원한다. 누군가의 여행기에 매혹되어, 영화나 드라마에서 서사의 일부가 된 배경을 그리워하고, 책의 배경이 된 도시를 기억하고 찾아보는 행위는 모두 심리적 활동이다. 이 심리 기록은 설렘과 흥분의 유통기한을 늘리는 방법이다. 여행기라면 보통 여행 후일담 성격이 강하다. 여행 중에 보고, 겪고, 느낀 점을 여행 후기로 남기는 걸 여행기라고 말한다.

하지만 여행은 준비할 때부터 시작된다. 여행 준비기는 프롤로그나 여행 전(前)일담이라고 부를 수 있다. 여행 준비 중에 보고, 겪고, 느낀 점을 메모하면 된다. 여행 준비는 떠나지 않고 하는 여행이다. 떠나지 않는 게 여행이라니? 여행은 떠나는 게 핵심 아닌가? 맞다. 실제로 떠나지 않고 마음으로 떠나는 여행이다.

여행지에서 하고 싶은 것이 생각날 때마다 메모하는 '여행 준비기'를 써 보자. 왜 하고 싶은지, 이유까지 적으면 내 이야기를 만드는 초안이 된다. 이 작업은 여행 준비 과정을 놀이로 바꾼다. 또 시간이 흐른 후 자신이 어떤 사람인지 알 수 있는 기록이 된다. 대만의 인문학자인 양자오는 『이야기하는 법』에서 '이야기를 탐색하는 눈을 가동할 때, 우리는 비로소 진정으로 자신을 이해하는 기회를 갖게 된다'고 했다. 여행 준비는 자신이 어떤 이야기를 하고 싶은지, 알아가는 시간이다.

구체적인 욕구는 저절로 나오는 게 아니다. 외부 자극에서 비롯되어 호

기심이 고개를 든다. 가보지 않은 도시에 대해 어떻게 호기심이 생기나. 스파게티를 먹고 싶은 욕구는 스파게티를 먹어 본 경험을 전제로 한다. 가본 적이 없는 도시에서 욕구, 특히 나의 욕구를 끌어내는 방법은 무엇일까? 여행 에세이를 읽거나 지인의 경험담을 듣는 것, SNS에서 본 사진 또는 영화나 드라마에서 본 장면 등이 중개 역할을 한다.

여러 가지 수단 중 영화나 소설을 추천하고 싶다. 영화나 소설은 '능동적 모방'을 하기 좋은 수단이다. 영화를 보고 소설을 읽을 때, 보는 이의 주관적 감성이 적극적으로 개입된다. 관객으로서, 독자로서 해석하는 시간이 필연적으로 따라온다. 좋다, 별로다, 하는 감상 자체가 보는 이의 지극히 주관적 해석이다. 가고 싶은 도시를 배경으로 하는 영화나 소설을 찾아서 나만의 머스트 비지트(must-visit)와 to do 리스트를 만들어 보자.

홍콩에 다녀온 사람을 두 부류로 나눌 수 있다. 야경과 쇼핑 외에는 할 거 없다고 이야기하는 사람과 나처럼 홍콩 영화에 대한 기억으로 골목을 더듬는 취미가 있는 사람. 홍콩 영화 좀 본 사람에게 홍콩 거리는 그야말로 거대한 영화 세트장이다. 무질서한 커다란 간판이 뿜어내는 거리 분위기에 취할 수밖에 없다. 홍콩의 침사추이에 나단 로드(Nathan Road)가 있다. 지하철역도 있고, 쇼핑가도 있고, 사람도 많고, 차도 많은 혼잡한 큰길이다. 침사추이에 가면 이 큰길을 한 번 이상 지나갈 수밖에 없다. 여기서 이야기를 끌어내지 못하면 침사추이는 낙후되어 볼 것 없는 정신없는 도시일 뿐이다.

홍콩 영화감독인 왕가위가 만든 영화 「중경삼림」이 있다. 이 영화는 나단 로드에 있는 청킹 맨션을 배경으로 한다. 청킹 맨션에는 주머니가 가벼운 여행자를 위한 숙박시설, 환전소, 각종 상점이 있다. 건물 자체는 오래되어 낡았다. 별 특징 없고 지저분해 보이는 이 건물은 영화 「중경삼림」 덕분에 특별한 장소로 다시 태어난다. 영화에서 청킹 맨션을 배경으로 누구나 겪는 한 시절인 청춘의 이야기가 펼쳐진다. 사랑의 작대기가 어긋나 밤거리를 방황하고, 짝사랑에 빠진 주인공들의 마음이 청킹 맨션과 골목에 숨어 있다. 한국의 남이섬을 찾는 외국 관광객들 역시 마찬가지일 것이다. 배우 배용준과 최지우의 사랑 이야기를 다룬 드라마 「겨울연가」의 힘이 얼마나 센지 기억하는가?

평범한 장소가 나만의 주관적 해석을 통해 이야기를 품은 장소로 변한다. 예술 작품은 비평가가 발견한다는 말이 있듯이, 여행자는 장소에서 이야기를 찾아내서 확장하고, 자신의 영역으로 의미를 끌어오는 사람이다.

재미있게 보았던 영화나 책에서 기억나는 배경 도시를 떠올려 보자. 그 이야기에서 인상적 장면은 무엇인가? 왜 인상적이었나? 낯선 도시와 나를 이어주는 실마리를 찾아 떠오르는 대로 메모해 보자.

왜 가고 싶은지 모른 채 정보의 정글에서 헤매면 길을 잃는다. 여정은 자고 일어나면 바뀌고, 제한된 시간과 예산에 맞춰 여러 번 뒤집힌다. 선택지에서 탈락한 도시와 체험 활동에 미련이 남지만 스스로를 다독인다. 이건 불가능해, 다음에 기회가 또 있겠지…. 처음에 백지였던 여행 계획표가 차츰 촘촘하게 채워진다. 빽빽한 계획표 파일에는 감정의 흐름은 배제된다. 여정을 짜는 자체가 내 이야기 틀을 정하는 것이다. 최종 결정한 여정은 무수한 심적 번뇌(?)를 거쳐 태어난 내 이야기이다. 나는 과연 무슨 이야기를 하고 싶었던 걸까?

여행 전일담을 만들면서 낯선 도시의 거리를 자주 상상한다. 여행 전일담을 만든다고 꼭 떠나야 하는 건 아니다. 특정한 도시를 배경으로 하는 책을 읽고, 영화를 보면서 책과 영화 속으로 여행해 보자. 책이나 영화 덕분에 전혀 모르던 도시에 대해 호기심이 솟아날 수도 있고, 흥미가 반감될 수도 있다. 가고 싶은 곳은 여러 가지 채널을 통해 보고, 들어서 생긴다. 평소에 찜해둔 도시가 있다면 그 이유를 상기해 보자. 여행지에 대한 자료를 모으며 상상력을 동원해 낯선 도시의 뼈대를 만들고 살을 붙여 구체화한다. 준비 과정이 길수록 가상의 세계에 머무는 시간이 길어지고, 기술도 늘어난다. 이 시간에 떠나지 않고 안락하게 여행할 수 있다. 부작용은 현실 세계와 상상의 세계에 각각 한 발을 담가서 붕 떠서 허우적댈 수 있으니 주의하길.

Exercise

다음 질문에 대한 답을 적어보자.

▐ 가고 싶은 곳을 마음에 담아둔 적 있는가?

▐ 있다면 어떤 매체를 통해 그곳을 처음 접했는가?

▐ 왜 가고 싶은가?

▐ 가고 싶은 곳이 없다면, 나에게 적합한 모방 수단(SNS, 지인 경험, 책, 영화)은 무엇인지 찾아보자.

여행이 끝나도
여행을 계속하는 법

　여행은 속도에 휘둘리는 일상을 강제로 종료하는 것이다. 여행에서 돌아와서 다시 일상의 속도로 리부팅하면 여행했던 시간은 과거 속으로 빛의 속도로 사라진다. 일주일만 지나도 아득하다. 사진 속 장소에 다녀오긴 했나, 아련하다. 안 좋은 기억은 빨리 잊고 싶고, 좋은 기억은 오래오래 붙잡고 싶은 게 사람 마음이다. 시간을 거스를 수는 없지만, 사진 폴더에 잠자고 있는 특정한 시간을 나만의 방식으로 끄집어낼 수 있다. 여행을 기억하는 방법으로 여행 후기를 쓰는 것이 가장 좋다고 생각하지만, 여행기를 쓰지 않고도 여행을 기억하고 기록하는 방법이 있다. 글쓰기에 대한 울렁증에 빠지지 않고 손쉽게 지난 여행을 떠올리며 음미하는 방법을 소개한다.

1. 여행 사진

평소에 사진 찍히는 걸 꺼리는 사람도 여행 가면 색다른 풍경을 배경으로 인증한다. 기록은 사람의 기본 욕구이다. 문자가 없던 시대에도 사람들은 동굴에 벽화를 남겼다. 요즘 스마트폰이 있어서 1인 1카메라 시대이다. 스마트폰의 카메라만으로 나의 역사를 쓰기에 충분하다. 스마트폰 갤러리에 잠자고 있는 '나의 역사적 순간'은 소환하지 않으면 없는 기억이나 마찬가지다.

필름 카메라 시절에는 인화 전에는 무엇을 찍었는지 알 수 없었다. 사진이 잘 나왔는지, 어떤 사진을 찍었는지 잘 몰랐다. 사진관에서 인화된 사진을 받아 들고 하나하나 넘기면서 시간 여행을 누렸다. 디지털카메라는 찍은 즉시 볼 수 있고, 삭제하고 보정도 할 수 있다. 이 편리함이 인화를 기다리는 즐거움도 삭제했다. 사진은 너무 흔하고, 감당할 수 없을 정도로 많다.

이 평범함을 특별한 기억으로 바꾸는 방법이 있다. 트레킹 친구에게 함께 트레킹 갔던 곳의 사진이 들어간 달력을 연말에 선물 받은 적이 있다. 책상 위 달력에 있는 '사적 역사 장면'을 보면, 나도 모르게 뇌세포가 이완되어 느긋해지곤 한다. 이 기분을 혼자 누리기 아까워서 여행 사진을 추려서 나도 달력으로 만들어 몇몇 친구들에게 선물했다. 사진 앨범 말고도 이렇게 달력, 엽서, 노트, 시계, 블라인드 등으로 만들 수 있다. 이런 서비스를 제공하는 사이트가 여럿 있다. 만드는 데 비싸지도 않고, 과거 여행을 현재로 가져올 수 있다. 또 주변 사람들에게 선물하면 세상에 하나밖에 없는 특별한 선물이 된다.

기억을 떠올리기 어려운 사진이 있다. 인물만 크게 찍은 사진이다. 유명한 관광지에 한때 실재한 걸 증명하려는 욕구는 누구에게나 있다. 하지만 자신의 실재를 증명하는 데만 집착한 사진은 나중에 보면 다 자신이 주인공인 사진이다. 이런 사진은 배경을 잘 알 수 없어서 사라지는 기억을 불러오기 종종 힘들다. 인물 없는 사진은 지루하겠지만, 인물만 있는 사진 역시 지루하다. 가끔은 인물이 빠진 풍경 사진도 찍어보자. 여행이 고플 때 인물 사진이 아니라 풍경이나 풍물을 담은 사진에서 더 위안을 받을지 모른다.

2. 기념품

여행의 꿀재미 중 하나는 그 도시에서만 만날 수 있는 소소한 기념품을 구경하고 챙겨 오는 것이다. 여행 가면 가격 부담도 없고, 가방에 넣어오기 좋은 작은 굿즈 한두 개씩은 다 살 것이다. 작은 기념품은 일상을 여행으로 물들이는 방법이다.

마그넷, 엽서, 티코스터, 북마크 등은 대표 기념품이다. 예전에 나는 그 나라에서 현재 가장 인기 있는 가수의 CD 한두 장을 꼭 사 오곤 했다. 지금은 유튜브에 접속하면 전 세계 음악을 들을 수 있어 더는 사지 않는다. 마그넷을 보면 열심히 구경하고 그 도시의 상징이 될 마그넷을 찾는다. 그동안 모은 마그넷을 커다란 자석 칠판에 모아 붙였더니 커다란 입체 엽서 같다. 마그넷 하나하나에 도시의 분위기를 담고 있어서 이따금 들여다볼 때마다 '그 도시의 하늘 아래'가 떠오르곤 한다.

일상생활에서 사용할 수 있는 기념품은 아낌없이 사 와도 좋다. 매일 사용할 수 있는 물건은 여행의 여운을 항상 곁에 둘 수 있다. 도시마다 시그니처 기념품이 있다. 독일 크리스마스 마켓에 갔을 때였다. 크리스마스 마켓에서는 와인과 향신료를 넣고 끓여 따끈하게 마시는 글뤼바인을 판다. 도시마다 도시를 상징하는 그림을 넣은 머그잔에 글뤼바인을 담아주고, 마신 후 머그잔을 기념품으로 판다. 도시마다 색깔도 그림도 다른 머그잔 몇 개를 집에 데려왔다. 그 머그잔에 물이나 커피를 마시는데, 문득문득 독일 겨울 하늘이 떠오른다.

벨기에는 화려하고 고운 레이스가 유명하다. 화려하고 아름다울수록 비싸다. 아름다움에 끌려 고가의 제품을 사고 싶은 욕구가 생길 때 조심하자. 고가 제품은 너무 고와서 막 쓰기 주저한다. 결국 사진 폴더에 잠들어 있는 사진처럼 관상용이 되기 쉽다. 욕심을 내려놓고 덜 예뻐도 실제로 사용할 수 있는 손수건이나 테이블보나 냅킨 등을 사 오길 추천한다. 'Out of sight, out of mind'라는 말이 있지 않은가. 보고 써야 희미해지는 여운을 느낄 수 있다. 아직 적당한 아이템을 못 찾았다면, 다음 여행에서 '나만의 명품' 아이템을 찾아보면 어떨까?

3. 입장권과 지도

내가 가장 좋아하고 추천하는 기념품은 각종 입장권, 관광지 소개 리플릿, 지도, 교통권 등이다. 이런 것은 일회용으로 제작되고, 한 번 사용한 후에 쓰레기통 행이다. 여행자는 매일 어딘가에 가서 저녁에 호텔에 돌아오면 일회성 인쇄물이 가방에 들어있다. 나는 이런 '추억 쓰레기'를 좋아해서 집에 챙겨 온다. 이런 인쇄물은 구체적인 동선을 되새김질하는 데 제일 좋다.

구글 지도가 종이 지도 자리를 낚아챘지만, 역사 지구인 구도심 지도를 무료로 얻을 수 있으면 무조건 얻어온다. 무료 지도는 호텔과 쇼핑몰을 홍보하려는 목적으로 배포되는 경우가 많다. 호텔과 쇼핑몰이 눈에 띄게 표시되어 있지만, 찬찬히 들여다보면 핵심 도보 코스나 방문 코스에 번호를 붙여서 동선까지 추천한다. 간략한 설명이 쓰여 있을 때도 있다. 낯선 도시에서 지도에 있는 사진이나 그림은 훌륭한 길잡이다. 또 현지 시선을 담아서 가 볼 만한 곳을 추천하기도 한다. 한국에서는 몰랐던 곳인데 나만 아는 장소가 차곡차곡 쌓여 이야기를 풀어낼 씨앗이 된다.

종이 지도의 쓸모는 또 있다. 틸다 스윈튼이 주연한 「어바웃 케빈」이란 영화가 있다. 미국의 한 고등학교에서 총기 난사를 한 사이코패스 아들을 둔 엄마가 모성에 대해 갖는 양가적 감정을 깊이 있게 다룬 영화이다. 아이들 양육을 위해 교외로 이사하면서 극 중에서 여행작가인 틸다 스윈튼이 자신의 방을 꾸미는 장면이 있다. 서재 한쪽 벽을 그가 여행한 많은 도시의 지도로 도배한 후 지도 위에 광택을 내는 바니시를 바른다. 이로써 유일무이한 '지도 벽지'가 탄생한다. 깜깜한 방에 들어가 의자에 앉아서 천장을 보면 별들이 쏟아지는 천체 놀이기구 같은 느낌을 주는 방이었다. 이 장면에 홀딱 반해서 로망이 생겼다. 나도 언젠가는! 식구들의 격렬한 반대로 아직 로망으로만 남아있지만 말이다.

입장권이나 일일 교통권에는 보통 사진이 있다. 그 도시 홍보를 위해 가장 엄선된(!) 건축물의 정면을 정직하게 담는다. 어떤 입장권이나 교통권은 카드처럼 두껍고 코팅까지 되어 북마크로 사용해도 손색없다. 나는 아무 책이나 꺼내 교통권을 무심히 책갈피에 끼워둔다. 그러다 어느 날, 생각지도 못한 곳에서 발견하곤 한다. 유효기간이 한참 지난 입장권이나 교

통권은 '그때 거기'로 데려가는 마법의 양탄자이다. 단 1분 만이라도 '그 때 거기'로 풍덩 빠질 수 있다.

4. 기타 일회용 인쇄물

문화는 미술관과 박물관에만 있는 게 아니라 일상생활에 녹아있다. 박물관과 미술관에는 과거 문화가 박제되어 있다면, 여행자의 필수 방문지, 식당, 카페 등에는 생생한 현재 문화가 있다.

외국인이 한국을 여행하는 모습을 담은 TV 프로그램인 「어서 와, 한국은 처음이지?」가 있다. 이 책의 제목도 이 프로그램을 패러디했다. 이 TV 쇼를 보면 외국인이 식당, 편의점, 마트, 찜질방 등 일상적인 곳에 간다. 이들이 한국 문화를 만나는 것은 일상 공간에서다. 처음 접하는 식문화로 해프닝이 벌어진다. 고기나 국수를 가위로 자르는 것은 거의 모든 외국인에게는 문화 충격이다. 식탁에서 가위의 활약은 우리에게는 당연해서 의문의 여지가 없지만, 외국인 여행자에게는 충격적인 신박함이 되어 웃음을 유발한다. 이렇게 음식 자체는 물론이고, 음식을 주문하고 식탁에 나오는 과정과 먹는 방법 모두 현재 그 나라의 식문화이다.

암스테르담에 있는 식당과 카페에 갈 때마다 흥미로운 점을 발견했다. 숟가락과 포크를 그 식당의 시그니처를 넣은 종이집에 넣어서 주었다. 보통은 냅킨으로 싸서 주거나 냅킨 위에 세팅되어 있는데 말이다. 종이집에는 독특하고, 유머러스한 일러스트가 있었다. 이 종이집이 재미있어서 기념품으로 챙겨 왔다. 프랑크푸르트 공항에서 비행기를 기다리고 있을 때였다. 여행이 끝나는 아쉬움을 마지막 독일 맥주 한 잔으로 다독이려고 들어갔던 식당에서 본 포크 종이집도 인상적이었다. 앞에는 가게의 짧은 개요가 있고, 뒤집으라는 말이 쓰여 있어 지시에 따랐더니, 가게를 이용한 후 손님이 피드백을 표시하는 표가 있었다. 이걸 보는 순간, 아하, 하는 미소를 짓게 되었다. 식당 주인의 센스가 전해졌다.

다음 여행에서 사용한 교통권, 입장권 등 인쇄물을 버리기 전에 한 번 살펴보자. '그때 거기'로 데려가 줄 마법의 양탄자는 아닌지….

다음을 따라해 보자.

▌과거 여행 사진 중에서 엽서로 만들 사진 10장을 골라보자.

▌내가 찍은 사진을 출력해서 냉장고나 책상 위에 붙여두자.

▌'포토몬', '오프린트미', '성원애드피아' 같은 곳에서 직접 엽서나 굿즈를 만들어 보자.

나만의 특별한
이야기를 해보자

여행 글쓰기 강의를 하면서 수강생들에게 가장 많이 듣는 말이 있다. 사진을 정리하고 싶은데 어떻게 정리해야 할지 모르겠다는 말이다. 시간이 흐를수록 사진만 쌓이고 기억은 희미해진다. 어떻게 손을 대야 할지 몰라 난감하다. 나 역시 여행을 다녀올 때마다 사진이 쌓여서 매달 일정한 비용을 내고 유료 클라우드에 사진을 저장한다. 이 많은 사진을 어떻게 정리할까? 사진 정리는 왜 어려울까? 신박한 사진 정리는 있을까?

TV 프로그램 중 물건이 주인인 것 같은 집에 전문가가 방문해 정리해주는 프로그램이 있다. 의뢰인은 방마다 물건을 쌓아둔 채 생활한다. 쓸모없는 물건, 추억이 담긴 물건, 눈에 안 보여서 잊고 있던 물건 등등. 이런저런 이유로 공간만 차지하는 물건을 꺼내서 버리고 제자리를 찾는 과정을 보여준다. 한 번도 안 쓴 물건이라, 희귀템이라, 버리지 못한다. 하지만 모든 물건은 시간 앞에서 초라한 운명이다. 새것도 헌것이 된다. 새 물건을 계속 사더라도 헌것을 버리기 힘들다. 우리는 왜 헌것을 버리기 힘들까?

물건마다 개인의 고유한 역사가 깃들어 있기 때문이다. 프랑스 소설가 마르셀 프루스트가 쓴 『잃어버린 시간을 찾아서』에 추억을 환기하는 유명한 에피소드가 있다. 많은 빵집 진열대에 마들렌 과자가 있다. 이때 마들렌 과자는 그냥 과자일 뿐이다. 소설 속 화자가 홍차 잔에 마들렌을 찍어서 입에 넣는 순간 어린 시절 먹었던 맛이 떠오르며, 그 시절에 살았던 동네와 집, 만났던 사람 등 추억이 밀려온다. 홍차 잔에서 특정 순간의 과거가 온전히 솟아난다. 쓰지 않지만 못 버리는 물건은 프루스트의 마들렌처럼 특정한 시절의 추억과 관련 있다.

사진은 '그때 거기'로 우리를 데려가는 프루스트의 마들렌이다. 수천, 수만 장의 사진을 정리하려면 선택과 집중이 필요하다. 모든 마들렌 과자가 추억의 과자는 아니라는 것을 명심하자. 가령 에펠탑에 처음 갔다. 사진에서만 봤던 에펠탑을 실제로 보고, 흥 만수르가 되어 사진을 수십 장 찍는다. 사진은 보편적인 기록 수단이다. 설렘과 흥분이 담긴 이 사진들에서 어떤 이야기를 끌어낼 수 있을까? 에펠탑 사진이 '나의 특별한 흥분'을 설명할 수 있을까? 인터넷에는 다양한 시간대와 각도로 담은 에펠탑을 찍은 사진이 넘친다. 내게는 첫 경험이라 특별하지만, 에펠탑에 간 사람이라면 누구나 다 찍는 에펠탑 사진은 나만의 이야기를 전달하기 힘들다. 단지 에펠탑에 다녀왔다는 사실만을 말하기 쉽다.

'나만의 에펠탑'이 되려면 나의 이야기가 들어있어야 한다. 에펠탑과 관련된 인상적 사건이나 에피소드, 혹은 처음이라서 떠오르는 감상이 있다면, 나만의 에펠탑 이야기가 된다. 에펠탑의 역사나 건설 배경은 나의 이야기가 될 수 없다. 이런 소재는 검색하면 찾을 수 있는 사실이고, 무엇보

다 내 이야기가 아니다. 내 이야기가 될 수 없다면, 두 눈 딱 감고 사진을 정리하자. 이런 식으로 선택하고 집중하는 것이 사진 정리이다. 몇십 장이나 찍은 에펠탑 사진을 과감하게 지우고 나만의 '느낌 있는' 에펠탑 사진 열 장 정도만 추려보자.

　내 이야기는 풍경, 풍물, 사람 이야기를 나만의 관점에서 볼 때 나온다. 나만의 시선을 찾을 수 있다면, 굳이 이국적인 풍경 사진을 찾지 않아도 된다. 집 근처 공원, 골목 사진에서도 이야기를 이어갈 수 있다. 우주선을 타고 화성에 간다면 희소한 경험이라 그 자체가 이야깃거리이다. 하지만 이런 경우는 지극히 드물다. 그럼 어떻게 내 시선이 담긴 여행기를 쓸 수 있을까? 여행기는 하루 일정을 시간 순서대로 나열하는 것이 아니다. 아침에 일어나서 호텔에서 나가서 간 곳, 먹은 것 등을 쓰는 게 여행기가 아니다. 이건 그냥 스케줄이다. 누가 나의 스케줄을 궁금해 하겠나. 내가 보고, 겪고, 느낀 것을 쓰는 것이다. 겪고, 느낀 '나의 시점'이 들어가는 것이 중요하다. 요즘 SNS가 발달해서 약간의 글쓰기는 필수다. 글쓰기 강좌도 넘친다. '잘' 쓰고 싶은 욕구를 어떻게 충족시킬 수 있을까? 어떻게 쓰는 것이 잘 쓰는 것일까? 느낌과 생각을 잘 전달한 글이 잘 쓴 글이다. 느끼지 못하고, 생각이 없으면 글도 쓸 수 없다.

해외여행에서 보고 겪은 것은 새로워서 할 말도 많다. 글을 쓸 때 옆에 내 말을 잘 들어주는 친구가 있다고 상상하자. 상상 속의 친구에게 내가 겪은 이야기를 들려주는 것이다. 옆에 있는 친구가 들으면 눈을 반짝일 이야깃거리를 찾아보자. 어디에 갔는지, 무엇을 먹었는지, 무슨 일이 있었는지, 궁금해 할까? 음식 이야기를 하려면 음식 밖의 이야기가 있어야 한다. 처음 먹어본 음식은 나의 이야기를 시작하기에 좋지만 충분하지 않다. 재료의 특성, 음식에 주목하는 이유 등이 담겨야 '나의 이야기'로서 가치가 있다.

스페인 바르셀로나 근교에 있는 구엘 공원을 구경하고 나자 점심시간이었다. 구글 검색으로 근처 현지인이 운영하는 식당으로 갔다. 골목에 있는 작은 식당이었다. 식당 밖 메뉴판에 화려한 필기체로 '오늘의 메뉴'가 쓰여 있었다. 메뉴판은 내게는 신비로운 그림 같았다. 안으로 들어가 자리를 잡은 후 말이 잘 안 통했지만, 오늘의 메뉴를 물었다. 주인은 소갈비(beef rib) 스테이크라고 말하는 것 같았다. 영어가 모국어가 아닌 주인과 나는 rib과 liver의 발음상 차이를 서로의 방식으로 말하고 받아들였다. 이 사실을 음식이 나온 후 깨달았다. 접시 위에 살포시 앉은 주인 공은 소간 스테이크 두 덩어리였다. 크기는 어른 손바닥만 했다. 소간 스테이크라니! 소간은 순대 주문하면 곁다리라 먹어도 그만 안 먹어도 그만인 음식 아닌가? 소간이라면 한 입이면 충분한데 이 많은 양을 어떻게 먹지? 반쯤 먹자 위는 그만 먹으라는 신호를 보냈다. 곁들여 나온 감자구이와 채소구이를 싹 다 먹고, 커다란 접시에는 소간 스테이크만 덩그러니 남았다. 주인은 접시를 보고 맛이 없는지 물었다. 맛이 없는 게 아닌데 미안한 마음이 들었다. 나는 엄지척 올리며 "맛있어요. 다만 우리나라에서 잘 안 먹는 음식이라 많이 못 먹겠어요"라고 대답했다. 한국 식문화에서 엑스트라인 재료가 다른 식문화에서 주인공으로 활약하는 사실을 목격한 경험은 나만의 이야기가 된다. 이런 에피소드를 찾아내 보자. 음식이 맛있어서, 맛없어서라는 느낌을 확장시켜보자. 생각보다 많은 에피소드를 가지고 있을 것이다.

여행 중에 일어난 크고 작은 사건과 에피소드가 바로 내 이야기이다. 에피소드를 끌어내면 사진 선택도 쉬워진다. 내 시선이 들어간 사진과 글은 '나만의 여행 이야기'가 된다. 개인의 여행을 이야기로 풀어내면 무엇이 좋은가? 내 여행 이야기의 첫 독자이고 영원한 독자는 바로 '나'다. 기억이 희미해졌을 때, 떠나고 싶은데 못 떠날 때, 내가 쓴 여행기록을 보면 엄청난 위안을 얻는다. 내 경우에는 여행에서 돌아온 후 열심히 기록을 남기는 편이다. 다른 사람을 위해서가 아니라 나를 위해서. 기록하면서 여행할 때 놓쳤던 감정을 천천히 음미하며 다시 여행을 떠난다. 여행지에서의 날씨, 에피소드, 경험 등을 정리하면서 여행자 놀이를 하고, 다음 여행까지 버틸 힘을 얻는다. 여행하는 순간보다 여행을 기록하는 순간에 더 여행하는 기분이 들 때도 있다. 첫 키스 했을 때를 기억하는가? 집에 와서 그 순간의 흥분을 곱씹고 추억하며 며칠 동안 세상이 아름답게 보였던 것과 비슷하다. 여행을 기록하는 것은 여행과 연애하는 것이다. 여행과 연애에 빠지지 않을 이유가 있을까?

다음 질문에 답해 보자.

▌ 지난 여행에서 기억에 남는 장소나 식당, 사람 사진을 골라보자.

▌ 왜 그 장소, 식당, 사람이 기억에 남는가?

▌ 사진을 보고 사진 밖 이야기를 키워드 다섯 개 또는 열 줄 이내의 문장
으로 적어보자.

Chapter 6

Souvenirs
여행 후 남은 것들

해를 마주하고 올라갈 때 안 보였던 풍경이 해를 등지고 내려오니 보였다. 그 순간 내가 길을 잃었다는 사실을 잊고 멈춰 서서 햇빛으로 넘실거리는 거리를 바라보았다. 스마트폰에 곧 사라질, 단 한 번밖에 없는 아름다운 순간을 담았다. 이 사진을 보면 그날의 기분이, 뚜껑을 꼭 닫아두었던 기억 상자 밖으로 쏟아져 나온다. 짧지 않은 여행으로 차곡차곡 쌓인 피로를 이기며 낯선 도시의 골목길을 헤매었던 날. 낯선 곳에서 길을 잃었다는 생각에 영혼이 잠식되려는 순간, 별것 없지만 특별한 풍경의 맛을 찾아내고 다시 걸어갈 힘을 얻었다.

여행에도
재능이 필요하다

　헤르만 헤세는 여행 에세이 모음집인 『헤세의 여행』에서 '여행 재능'이
라는 말을 썼다.

　'중요한 것은 이름을 아는 일이 아니라 느끼는 일이다.'

　여행 재능이라니, 여행하는 데 무슨 재능이 필요한가? 시간과 돈만 있
으면 할 수 있는 게 여행 아닌가?

　어릴 때는 커피 맛을 몰랐다. 가끔 마시면 쓰기만 했다. 시커멓고 쓴맛
만 나는 커피를 음미하는 어른은 분명히 나와 다른 세계에 사는 사람이었
다. 어른이 되자 커피는 어느새 습관적으로 마시는 음료가 되었고, 습관
은 점점 취향이 되어 검은 물맛에 대한 호기심이 깊어졌다. 카페마다 커
피 맛이 다른 걸 구별하게 되었다. 커피의 세계는 알면 알수록 심오한 세
계이다. 커피 원두의 종류에 따라, 원두를 볶는 시간에 따라, 커피를 추출
하는 방식에 따라, 바리스타에 따라, 커피 맛이 다 다르다. 커피는 살아가

는 데 밥처럼 필수 영양소를 제공하지 않는다. 기호식품으로 없어도 살아가는 데 아무 지장이 없다. 하지만 커피 애호가는 일정하게 혈액에 카페인 농도를 유지하지 않으면 금단 증상을 겪는다. 커피 한 잔으로 반복적 일상을 변주할 수 있고, 커피를 음미하는 짧은 시간은 일상의 느낌표가 될 수 있다.

여행은 커피처럼 일상의 카페인이며, 중독성 강한 기호품이고, 가치관이 개입하는 취향 소비이다. 여행하지 않아도 사는 데 아무 지장 없지만, 여행한다면 다른 세계의 문을 열고 들어가게 된다. 여행이란 기호품에 중독된 사람이 틈만 나면 떠날 구실을 찾는 이유이다. 여행은 단순히 떠나는 행위 이상이다. 떠날 때만 찾을 수 있는 은근한 맛에 매혹된다. 기호에 따른 소비에는 느끼는 일은 필수이고, 느끼는 일도 '재능'의 영역이란 말이다.

커피 중독자가 다른 맛이 나는 커피를 찾아 헤매는 것처럼, 여행 중독자는 내밀하게 숨겨진 의미를 찾아 헤맨다. 다른 사람이 가지 않은 곳, 다른 사람이 별로라고 말해도 시간을 들여서 직접 본 후 즐거워하기도 하고 실망하기도 한다. 유명 관광지가 뿜어내는 인공미에 심드렁했다가 골목의 허름한 벽에 비치는 오후의 빛 그림자에 마음이 들뜨곤 한다. 이 정서를 나눌 수 있는 여행 동행을 찾기는 쉽지 않다.

한번은 '이름'이 여행의 모든 것인 사람과 며칠 동행한 적이 있다. 타인의 인증을 받는 여행을 계획하는 그와 여행을 주제로 할 말이 별로 없는 걸 깨닫는 데 걸린 시간은 아주 짧았다. 여행 철학(그런 게 있다면)이 다른 두 사람이 함께 여행한 시간은 두 사람 모두에게 인상적이었다.

그는 이름 있는 도시에 가길 원했다. 대체 도시에 이름 있다는 말이 무

엇일까? 원래 도시에는 다 이름이 있다. 그는 많은 사람이 하는 액티비티를 예약했다. 자신이 원하는지 것인지는 관심 밖이었다. 그 도시에 가면 사람들이 다 하니까, 사람들 대화에 끼려면, 액티비티를 해야 한다는 이론으로 무장했다. 사람들의 발길로 붐비는 유명 관광지와 한국 여행객들이 일부러 찾아가는 쇼핑몰 등에만 관심을 쏟았다. 내가 이름 없는 도시(사실 이런 말은 모순이다. 모든 도시에는 이름이 있기에)에 간다고 말하면, 갔다 왔다고 말해도 아무도 모르는 도시에 뭐 하러 가는지 모르겠다며 답답한 시선을 보냈다.

"거기에 뭐 볼 거 있어요?"

내게 대뜸 물었다. 나는 답이 궁해졌다.

"글쎄. 가 봐야 알죠."

그에게 나는 한심한 여행자였다. 파리의 에펠탑과 샹젤리제, 스위스의 융프라우처럼 명쾌한 답을 제시하지 못하는 도시에 가는 것은, 그에게는 시간 낭비였다.

그는 유명 도시의 이름을 좇아 온종일 기차만 타고 이동하기도 했다. 출발역과 도착역 사이에 있는 여러 아름다운 작은 도시는 목적지로 돌진하는 데 거추장스러운 장애물이었다. 자신만의 경험이나 느낌을 찾는 여정은 쓸데없었다. 그는 다른 사람들이 다녀왔던 곳에서 인증 미션을 수행하려고 골몰했다. 여행 후에도 유명 브랜드의 옷과 가방을 어디에서 샀고, 가격이 얼마인지, 이름과 숫자를 쏟아냈다. 몇몇 도시에 함께 갔지만, 한마디로 말할 수 있는 관광지가 없는 도시에서는 하품하고, 그 도시만의 분위기를 따분해했다. 숫자로 환산할 수 없는 것을 느낄 마음이 전혀 없는 그와 작은 도시의 독특한 풍경에 대해 주고받을 말이 없었다. 그는 왜 이름만 좇게 되었을까?

우리는 어릴 때 꼭 필요한 지식만 배우지 않는다. 당장 쓸모없어 보이더라도 여러 가지를 직접 해본다. 그림도 그리고, 체육 시간에 몸 쓰는 법도 익히고, 노래도 부르고, 악기도 배운다. 몸 쓰는 일을 재밌게 잘하지만, 책 읽는 데 흥미가 없는 사람이 있다. 반면에 책 읽기에 재미를 느끼지만, 몸 쓰는 일에 젬병인 사람이 있다. 사람마다 좋아하고 잘하는 분야가 다 달라서 직접 경험해 봐야 무엇을 좋아하고 잘하는지, 알 수 있다.

어른이 되면 이 체험의 세계를 졸업하고, 당장 필요한 경험에 애정을 쏟는다. 게다가 다양한 경험의 세계로 이끌 사람은 자기 자신이다. 자율적 선택에 맡겨진 경험은 '쓸모 가치'로 판단된다. 쓸모없으면 새로운 경험을 차단한다. 효용 가치로 재단하고, 비실용적 경험은 불필요한 것으로 강등시킨다. 그 결과 경험의 폭은 좁아지고 자연스럽게 시야도 좁아져서 '이름과 숫자'가 지배하는 세계로 들어간다.

어른은 왜 이 획일적 삶에 빠지기 쉬울까? 느끼는 법을 잊었기 때문이다. 느낄 줄 모른 채 살아가면 '나'의 생각이 없어진다. 다른 사람 생각이 내 생각으로 둔갑하고, 다른 사람이 정해준 기준에 따라 사는 것이 옳다고 믿게 된다. 살아가는 데 정답이 없어서 '이름과 숫자'를 좇는 삶이 잘못되었거나 나쁘다고 말하고 싶지는 않다. 이름과 숫자는 어른 세계에서 목표를 추진하는 강력한 힘이 될 때도 많다. 하지만 이름과 숫자만 따라간다면, 결국 남는 건 타인의 시선을 덕지덕지 붙인 자신이 아닐까?

'스위스 일주 여행 표로 전 국토를 여행한 사람보다 스위스 알프스 산골짜기 하나를 두 발로 천천히 둘러본 사람이 스위스에 대해 더 잘 알게 된다'고 헤세는 말했다. 여행자의 탐욕 탓에 일주 여행 티켓을 포기하기 쉽지 않지만, 헤세가 한 말에 고개를 끄덕인다.

우연히 소중한 것을 발견할 때 갖는 즐거움이라는 뜻을 지닌 '세렌디피티(serendipity)'라는 말이 있다. 한동안 유행했던 말이다. 어른 세계에서는 단어도 유행의 물결에 떠밀려 어느 날 갑자기 일상어에 들어왔다가 사라지곤 한다. 세렌디피티는 유행이 지난 말로 버리기 아까운 말이다. 이름과 숫자에 대한 집착을 털어내고 세렌디피티를 찾아 나서면 어떨까? 커피든, 산책이든, 죽어가는 재능을 부활시키고 발휘하는 여행을.

기차 여행은
사치스러운 구금 생활

여행의 본질은 물리적, 심리적 이동이다. 물리적 이동을 위해 비행기, 버스, 기차, 배, 자동차 등등 여러 가지 탈 것에 의존한다. 유럽 여행할 때 기차가 가장 편리한 대중적 교통수단이어서 특히 기차 여행이라고 할 수 있다. 한 도시에만 머무는 게 아니라면 기차를 적어도 한 번은 타게 된다.

내 첫 유럽 여행은 배낭여행이었다. 숙박비를 아끼려고 기차를 셀 수 없을 정도로 많이 탔다. 인터넷이 없던 때라 유럽 철도 시간표를 빽빽하게 적은 책 『토마스 쿡 유럽 철도 시각표』를 들고 다녔다. 거리에 어둠이 내려오면 이 기차 시간표 책을 펼쳤다. 현재 있는 기차역에서 밤새 달려 새벽에 도착하는 기차를 찾았다. 오늘의 운세가 적힌 책을 펼치는 기분이었다. 정해진 목적지에 가려고 기차를 타는 게 아니라, 기차를 타기 위해 목적지를 골랐다. 여섯 개의 좌석이 있는 컴파트먼트에 승객이 덜 탄 날은 두 다리를 뻗고 잘 수 있어 운이 좋은 날이었다. 컴파트먼트가 꽉 차면 앉은 채로 밤새 자다 깨다 했다. 날이 밝으면 덜컹거리는 기차 화장실에서 넘어지지 않으려고 두 발에 힘을 꽉 주며 고양이 세수를 하고 내렸다. 어디에 내렸는지는 중요하지 않았다. 때로는 목적지를 정했지만, 기차를 잘못 타서 엉뚱한 곳에 내리기도 했다. 그래도 괜찮았다. 다 처음인 곳이었으니까.

첫 유럽 여행은 기차를 호텔(?)처럼 이용하며 헤매는 여행이었다. 그래서인지 기차역에 들어서면 푸근하고 심장이 쿵쾅거린다. 기차역에는 기차역만이 풍기는 여행 냄새가 있다. 알아들을 수 없는 안내방송을 들으면 여기가 아닌, 다른 곳에 갈 거라는 기대로 부푼다. 크고 작은 여행 가방을 들고 바쁘게 지나가는 사람들이 내는 소음은 기차역을 살아있는 것처럼 만든다. 숨을 깊게 들이마시며 이 그리운 냄새를 빨아들인다. 곧 두 발이 공중에 떠 있는 것 같고, 마법의 봉이 내 어깨에 살짝 닿는다.

이 마법의 시간을 실컷 누리기 위해 출발 시간보다 일찍 기차역에 가곤 한다. 낯선 곳에 빨리 가고 싶은 조급증도 있고, 여행 냄새를 킁킁거리는 시간도 달콤하다. 혼잡한 플랫폼을 휙 한 번 둘러보고 목적 없이 왔다 갔다 한다. 기차역은 여름에는 더위가, 겨울에는 추위가, 살갗에 그대로 전해진다. 역에 막 들어와서 숨을 고른 기차가 여행객을 쏟아낸다. 곧 기차 객실은 텅 비고, 새로운 여행자들이 빈자리를 채운다. 이 번잡한 자리바꿈이 가져오는 팔딱거리는 활기를 말끄러미 응시한다.

여행 냄새를 음미한 후 샌드위치나 맥주를 들고 기차에 오르기도 한다. 기차역 안에 있는 샌드위치 가게는 특별한 맛집은 아니지만, 그 도시의 가장 보편적인 맛을 보여준다. 맥주 한 캔은 두세 시간 걸리는 기차 여행에서 좋은 친구이다. 아침부터 느긋하게 맥주를 홀짝이며 여행자로 충실히

시간을 보낸다. 기차 여행하는 날 아침은 이렇게 기차역 냄새를 킁킁거리고, 그 도시만의 냄새를 맡으며 시작된다.

한 번은 바르셀로나에서 세비야로 갈 때 남아있는 고속열차(아베AVE) 표를 예매했다. 기차에 탄 후 열차 한 량에 있는 좌석 수도 적고, 공간도 넓어서 그때서야 일등석이 아닐까 생각했다. 기차가 출발하자마자 승무원이 물수건과 사탕을 가져다주었다. 그리고는 비행기에서 나오는 기내식과 비슷한 아침 식사를 가져다주었다. 와인과 맥주는 기본 옵션이었다. 어느 날 안 입고 옷장에만 걸어두었던 옷 주머니에서 9만 원짜리 지폐 두

장을 발견한 것 같았다. 여행하면서 헤아릴 수 없이 많이 기차를 탔지만, 일등석도 처음이었고 기차내식도 처음이었다. 5시간짜리 기차 여행은 말 그대로 호사스러운 구금이었다.

스위스 작가 페터 빅셀의 산문집 『나는 시간이 아주 많은 어른이 되고 싶었다』에 기차 여행 이야기가 나온다. 그는 글이 잘 안 써지면 글을 쓰기 위해 기차를 탄다. 기차가 출발해서 다음 역에 설 때까지 수감자처럼 갇혀서 글을 쓰려 했지만, 기차가 움직이면 곧 펼쳐지는 풍경에 넋을 빼앗겨 상념에 빠지고 만다. 다음 역까지 수감자가 되어 풍경을 즐길 수밖에 없는 상태를 '사치스러운 구금'이라고 표현했다. 페터 빅셀의 말대로 '사치스러운 구금'을 위해 기꺼이 기차에 오른다. 천천히 기차역을 빠져나가는 기차에서 내가 있는 곳을 가늠해 보기도 한다. 갇혀있지만 어딘가로 가고 있는 이 모순된 상태는 기차 여행의 본질이다. 고작 며칠이었지만 부쩍 친해진 도시는 차창 밖으로 휙휙 지나가고, 기차는 어떤 얼굴인지 모르는 곳을 향해 내달린다. 이제 새롭게 친해져야 할 도시로 성큼 다가간다. 아는 사람도 없고, 기다리는 사람도 없다. 철저하게 혼자가 되어 풍경을 보며 상상의 세계에 빠진다.

이름을 들어본 적 없는 작은 마을에 있는 간이역에 기차가 정차하면, 목을 빼고 차창 밖으로 보이는 골목을 살핀다. 기차가 다시 출발해도 길게 뺀 목을 거두어들이지 못하고, 고개를 뒤로 한껏 돌려 점점 빠르게 사라지는 골목과 집을 보면서 내리고 싶은 충동을 달랜다. 장기여행을 할 때는 충동을 실행하곤 했다. 어딘지 모르는 동네에 내려서 천천히 걸어서 마을 한 바퀴 돌고 다음 기차를 타곤 했다. 즉흥적 욕구를 채우기 어렵지 않았다. 기차가 서면 그냥 내리면 된다. 에단 호크와 줄리 델피가 주연한 영화 「비포 선라이즈」에서처럼 기차가 멈추면, 계단에서 폴짝 뛰어 내려오면 된다.

세상 쉬운 일처럼 보였던 일이 이제는 모험이 되어 버렸다. 예약해 둔 기차표와 숙소를 떠올리며 이십 대에 부렸던 배짱은 내 몫이 아닌 것처럼 아득하다. 즉흥적 시간이 끼어들면 닥쳐올 혼란부터 걱정한다. 준비 없이 좌충우돌했던 학생이 아니라 정해진 휴가에 떠났다가 돌아와야 하는 신세이다.

자신의 삶에 책임질 줄 알아야 철이 들었다고 말한다. 철이 든다는 것은 생각이 많아져 우물쭈물하느라 즐거움을 놓치는 게 아닐까? 즉흥성이 매력을 넘어 닿을 수 없는 매혹으로 다가오는 것은 손에 쥔 것을 놓기 쉽지 않기 때문인지 모르겠다. 별일 없는 일상을 지키기 위해 충동을 억제한다. '너 자신이 되어라'라는 진부한 말이 내가 도달할 수 없는 깊은 철학이 담긴 말이라는 것을 깨달으며.

자발적
이방인의 하루

2016년 11월. 하노이 행 오후 비행기를 타기 전날, 밤늦게까지 일했다. 아침에 대충 가방을 싸고 인천공항으로 가는 동안 기절할 정도로 진이 빠졌다. 도착 예정 시간보다 한 시간 늦게 하노이 노이바이 공항에 도착했다. 밤 11시가 넘었다. 관광객에게 바가지를 씌우는 걸로 악명 높은 택시를 타고 마음 졸이기 싫었다. 조금 비싸더라도 호텔에 픽업 서비스를 예약해 두었다. 한 시간이나 연착해서 나를 픽업할 운전기사가 아직도 기다리고 있는지 모를 일이었다. 짐을 찾고 공항 로비로 나가서 내 이름을 적은 운전기사를 찾았으나, 보이지 않았다. 운전기사에게 연락할 방법이 없어서 공항 로비를 왔다 갔다 했다. 어떻게 만날지 꼼꼼하게 체크 안 한 내 부주의를 탓했다. 몸은 중력의 법칙에 굴복하려 했다. 눕고만 싶었다. 11시가 훌쩍 넘었고, 시차가 있어서 한국은 새벽 1시가 훨씬 넘은 시간이었다. 몸은 물 먹은 스펀지처럼 무거웠고, 눈꺼풀은 자꾸 내려왔다. 정신은 긴장 상태였지만 몸은 무장 해제하겠다고 아우성쳤다.

운전기사의 이름도, 얼굴도 모르는데 어떻게 만나나. 호텔에 전화해야 하나, 운전기사 찾는 걸 포기하고 택시를 타고 가야 하나, 입안이 바싹 말랐다. 눈은 걷고 있는 두 발보다 빠르게 낯선 공항 로비를 훑고 또 훑었다. 픽업 서비스하러 온 것처럼 보이는 이들은 작은 종이에 만날 사람의 이름을 써서 들고 있었다. 간절함을 담아 내 이름을 찾았지만, 통하지 않았다. 머리가 점점 멍해지는 순간, 로비 한쪽에 이름 적힌 종이를 든 사람들 몇 명이 앉아 있는 걸 발견했다. 호텔에 '안전하게' 데려다줄 사람을 찾아야 한다는 절박함에 성큼 다가갔다. 급박한 순간에 하나밖에 떠오르지 않았다. 밑도 끝도 없이 그들에게 내 이름을 말했다.

무리 중 한 사람이 느긋하게 일어섰다. 그의 첫마디는 약속 시간보다 한 시간이나 더 기다려서 10달러를 더 내라고 했다. 엄청난 바가지였지만 실랑이하기에 나는 너무 지쳐있었고, 밤도 깊었다. 호텔에 도착하면 추가 비용을 주기로 하고 차에 올랐다. 잠시 안도했지만, 어둠을 가르며 달리는 차 안에서 낯선 사람을 경계하는 내 본능이 예민하게 작동했다. 호텔로 잘 가고 있는지 불안했다. 지나치게 작동하는 의심 본능을 다독였다. 차는 어딘가로 계속 달렸다. 드디어 상점 간판과 쇼윈도가 내뿜는 불빛이 하나둘씩 보이기 시작했다. 시내에 들어선 것이다. 불빛이 점점 많아지자 경계심이 풀어지고 어둠에 잠긴 거리를 반갑게 바라보았다. 마침내 차가 멈추었다. 차창 밖으로 예약한 호텔 이름이 보였다. 긴장이 풀려 잠이 쏟아졌다.

체크인 후 방에 들어가서 누웠다. 눈이 빠질 것 같았고 손오공의 머리띠를 한 것처럼 관자놀이가 조여왔다. 잠이 달아났다. 시차 때문인지 아니면 공항에서 내적 소용돌이를 겪어서인지 밤새도록 뒤척였다. 창밖이 서서히 밝았다. 하노이에서 이틀 밤 머물 호텔과 베트남 북서 지방인 사파에서 1박 2일 트레킹 예약 외에는 아무것도 계획하지 않은 여행이었다. 서울이 아니면 어디라도 괜찮았고, 떠나는 것만이 중요했다. 침대에서 일어나서 방을 둘러보았다. 혼자 쓰기에 큰 방이었다. 아침이지만 아무도 나를 찾지 않고 적막했다. 침묵이 지배하는 네모난 작은 세상에 혼자 있으니 갑자기 사람의 온기가 그리웠다. 서둘러 아침을 먹고 시내 지도를 챙긴 후 호텔에서 나갔다.

거리는 막 기지개를 켜고 있었다. 거리를 빗자루로 쓸고 있는 사람, 영업 준비하느라 분주한 카페와 식당에 아침 햇살이 입을 맞추었다. 하노이 시내에 있는 호안끼엠 호수를 향해 걸었다. 하노이 시내는 걷기 편한 곳은 아니었다. 인도가 없는 곳이 많았고, 인도가 있어도 차도와 경계가 없었다. 차량과 오토바이 물결을 헤치고, 길 양쪽을 두리번거리며 걸었다. 빨갛고, 파란 플라스틱으로 만든 낮은 테이블과 의자가 밖에 놓여 있는 식당가와 카페를 지났다. 과일이나 채소를 커다란 저울 같은 것에 담고 어깨에 메고 걸어가는 상인도 만났다. 사람이 탄 오토바이 물결을 지나고, 건물 앞에서 주차된 오토바이 '떼'도 지나쳤다. 머리 위에는 굵은 전선 다발들이 무질서하게 엉켜있었다. 교차로에서 이따금 관광객을 태우고 신호가 바뀌기 기다리는 시클로도 만났다.

이 모든 풍경은 내가 서울에서 멀리 떨어져 있는 걸 알려주었다. 아무 목적 없이 일상에서 벗어나 낯선 도시, 낯선 거리에, 혼자 있다. 이 순간 이국적인 풍경들을 하나하나 받아들이는 것만이 중요했다. 앞에 펼쳐진 풍경을 음미하는 것만이 내가 할 일이었다.

복잡한 길을 통과해서 호안끼엠 호수 근처에 도착했다. 큰길에 버거킹, 파파이스, HSBC, 도미노피자 등 커다란 간판이 건물에 걸려있었다. 큰길에 늘어선 유럽식 건물 중 2층에 있는 카페테라스에 자리를 잡았다. 점심시간 전이었지만 맥주 한 잔을 주문했다. 11월에도 30도가 넘는 하노이에서 시원한 맥주가 어울리는 시간이란 따로 없다. 시원한 맥주는 아무 때나 옳았다. 서울에서라면 일하고 있을 시간이었다. 나는 목적 없이 어슬렁거린 후 맥주 한 잔을 앞에 두고 한가롭게 거리를 내려다보는 이방인이었다. 바쁘게 오가는 차량과 아무 관련 없는 존재가 되었다는 사실에 배

시시 웃음이 났다. 파란 하늘에 떠 있는 커다란 뭉게구름을 보고 또 보았다. 일상에 푹 잠겨있던 온몸의 세포들이 하나씩 깨어났다.

카페 건너편에 호안끼엠 호수 자락이 둥글게 펼쳐져 있었다. 호숫가에 늘어선 버드나무는 한껏 늘어졌다. 나른하게 뻗은 나뭇가지들 사이로 사람들이 사라졌다 나타나곤 했다. 카페를 나와서 녹음이 짙은 호숫가를 따라 걸었다. 못 알아듣는 말을 사용하는 사람들 틈에 끼여서 오롯이 이방인이 되었다. 벤치에 앉아 졸고 있는 청년, 양산을 나란히 쓰고 도란도란 이야기하는 소녀들, 나들이 나온 연인, 가족 곁을 지나쳤다. 휴일의 느긋한 활기로 가득 찬 공원의 공기를 폐에 깊숙이 넣고 공원에서 빠져나왔다.

다음에는 어느 도시의 이방인이 될까? 이곳저곳 뒤적여 찾은 도시를 마음 한 귀퉁이에 접어둔다.

리스본에서
길을 헤매다

　혼자 여행하면 의도하지 않아도 걷기 여행이 되곤 한다. 요즘 구글맵이 여행자에게 길을 안내하는 등대이다. 이 등대를 잘 이용하려면 지도를 읽는 것에 해박해야 하는데, 나는 지독한 방향치이고 공간 감각이 없어서 구글맵도 완전한 해결책이 아닐 때가 종종 있다. 구글맵을 멀쩡하게 잘 따라가다가 좌회전이나 우회전을 해야 하는 지점에서 엉뚱한 길로 빠지곤 한다. 한 번 지도에서 벗어나면 주변을 빙글빙글 돌게 되어 있다. 바로 코앞에 목적지를 두고도 방향을 잡지 못해서 지나가는 사람들에게 도움을 청할 때도 있다. 저녁이 되면 발바닥에 불이 나고, 체력은 바닥으로 떨어져서 자학하는 시간을 보내곤 한다. 하지만 그 시간은 지나가기 마련이고, 기억은 왜곡되어 힘들었던 순간도 아름답게 남아있다. 저장된 사진첩을 뒤적거리다 길을 헤맸던 순간에 포착한 풍경을 보고 감정이 이입되곤 한다.

2013년 겨울이 시작될 무렵 열흘간 포르투갈을 여행했다. 겨울은 우기라는데, 날씨 요정이 따라왔는지 빗방울 한 번 안 만났다. 초겨울이었지만 매일 빛의 축제가 벌어졌다. 특히 오후 햇살은 노곤한 여행자의 감성에 호소하는 음악이 되어 내 마음에 울려 퍼지곤 했다. 몇백 장 찍은 사진 중에서 한 장만 뽑는다면, 풍성한 크림색 오후 햇살이 리스본의 어느 골목길을 포옹하는 사진이다.

아름다운 항구도시, 포르투에서 일정을 마치고 고속버스를 타고 수도 리스본에 내렸다. 버스에서 내려 크게 심호흡을 했다. 예약한 호텔을 찾아가야 하는 난관이 기다리고 있었다. 지하철을 타고 내리는 것까지는 일사천리였다. 지하철 출구도 잘 찾아서 나갔다. 남은 가장 어려운 관문은 광활한 방사형 광장인 뽐발 광장에서 호텔이 있는 골목을 찾는 일이었다. 유럽 도시에는 광장이 많다. 광장을 중심으로 여러 개의 길이 방사형으로 뻗어있다. 광장에서 나뭇가지처럼 360도로 뻗은 길 중 내가 가야 할 길을 단번에 찾은 적이 손으로 꼽을 정도다. 전날 밤 지도를 보고 뽐발 광장에서 뻗은 길을 열심히 외웠다. 예습한 보람 있게 곧 호텔이 있는 길로 들어섰다. '제가요, 한 번에 골목을 찾았어요!' 지나가는 아무나 붙잡고 자랑하고 싶었다.

모든 일이 거침없이 흘러간다면 인생이 아니듯이, 매끄럽게 흘러가는 건 여행이 아니다. 분명히 목적지가 코앞인데 정확한 위치를 몰라 헤맬 때가 종종 있다. 심증만 있고 물증이 없을 때 갈급증에 시달린다. 차도를 사이에 두고 인도가 있었다. 나중에 알게 된 사실이지만, 호텔은 왼쪽에 있는데 나는 오른쪽 길로 올라갔다. 작은 호텔이라 간판이 눈에 잘 안 보이기도 했고, 간판이 눈에 안 익어서 보고도 놓쳤을 것이다. 가고 있는 길이

맞는지 확신할 수 없어서 불안했다. 그 길 어딘가에 호텔이 있을 거라는 희망을 품고 언덕을 계속 올라갔다.

가을이 겨울에게 인사를 건네는 계절, 매혹적인 크림 빛깔의 오후 햇빛에 싸인 리스본에서 내가 걷고 있었다. 다른 유럽 도시에서는 보기 힘든 빛깔이었고, 사방을 비추고 있었다. 캐리어를 끌고 언덕 끝까지 올라간 후 이 길이 아니라는 것을 알았다. 몸을 돌려 올라갔던 길을 내려오기 시작했다. 한 손에는 캐리어의 무게를 느끼며, 한 손에는 스마트폰을 들고 두리번거렸다. 작은 포석이 깔린 길이었다. 캐리어를 끌 때 바퀴가 포석에 닿아 소리가 크게 울렸다. 마치 내가 길을 헤매는 것을 주변에 소리치고 있는 것만 같았다. 다리도 아프고, 배도 고프고, 갈증도 났다. 이번 생에는 없는 길 찾기 재능을 갈구하며 암담한 심정으로 걸었다. 오늘 안에는 찾겠지….

호텔을 단번에 찾겠다는 목표를 놓아버린 순간, 안 보였던 풍경이 눈에 들어왔다. 리스본에서 흔히 볼 수 있는 별스러울 것 없는 골목 풍경이었다. 길가에는 차들이 주차되어 있고, 가게 세움 간판도 있고, 지나가는 사람도 있었다. 매혹적인 크림색 볕이 차에도, 길에도, 지나가는 사람의 다리 사이에서도 반짝거렸다. 캐리어를 끌고 어깨를 늘어뜨리고 터벅터벅 걷는 내 머리 위에도 햇빛이 빛나고 있었을 것이다.

해를 마주하고 올라갈 때 안 보였던 풍경이 해를 등지고 내려오니 보였다. 그 순간 내가 길을 잃었다는 사실을 잊고 멈춰 서서 햇빛으로 넘실거리는 거리를 바라보았다. 스마트폰에 곧 사라질, 단 한 번밖에 없는 아름다운 순간을 담았다. 이 사진을 보면 그날의 기분이, 뚜껑을 꼭 닫아두었던 기억 상자 밖으로 쏟아져 나온다. 짧지 않은 여행으로 차곡차곡 쌓인 피로를 이기며 낯선 도시의 골목길을 헤매던 날. 낯선 곳에서 길을 잃었다는 생각에 영혼이 잠식되려는 순간, 별것 없지만 특별한 풍경의 맛을 찾아내고 다시 걸어갈 힘을 얻었다.

목적지를 잃고 길을 헤매고 있다는 생각을 멈추면, 두려움을 벗어나 자유로운 상태가 된다. 두려움에 사로잡혀 놓쳤던 풍경을 감상하며 느긋해진다. 불안과 두려움은 정해진 길로 가야 한다는 맹목적 믿음에서 나오는지 모른다. 목적지까지 가는 길을 정하는 사람은 '나'였다. 목적지로 통하는 길은 하나가 아니다. 지름길로 가면 편하겠지만, 우연이 가져다주는 매력을 누릴 수 없다. 인생을 다채롭게 만드는 것은 목적지에 '가는 사이에 보고 겪은 일'이 아닐까? 길을 헤매면서 겪은 사소한 경험은 예상치 못한 상황에서 툭툭 털고 일어나 다시 걸어갈 좌표가 된다. 방향을 잃을 때 방향을 다시 잡는 나침반이 된다.

이따금 나는 어디로 가고 있지? 자문하곤 한다. 답은 잘 모르겠지만 느릿느릿 걸으며 주변을 둘러본다. 하루하루 살다 보면 어딘가에 닿아있지 않을까?

길을 잃는 것, 그것은 관능적인 투항이고, 자신의 품에서 자신을 잃는 것이고, 세상사를 잊는 것이고, 지금 곁에 있는 것에만 완벽하게 몰입한 나머지 더 멀리 있는 것들은 희미해지는 것이다.

－ 리베카 솔닛 『길 잃기 안내서』

의심과 불신은
선입견을 먹고 자란다

2010년 모로코 여행을 준비할 때였다. 이슬람 문화권에 가는 것은 테러의 현장으로 뛰어드는 것을 상징했다. 이 고정관념은 안타깝게도 십 년이 지났는데도 크게 달라지지 않은 것 같다. 주변에서 왜 험한(?) 데를 가는지, 질문을 던졌다. 주변의 시선을 의연한 척 받아넘겼지만, 이슬람 포비아가 마음 한 자락을 차지하고 있는 사실을 부인할 수 없었다. 인터넷에서 '여자 혼자 모로코를 여행할 때 주의사항'을 검색했다. 두 가지로 압축할 수 있었다. 길을 찾기 어려운 미로 같은 골목과 호객행위를 하는 소위 '삐끼'가 난제였다. 모로코에 다녀온 소수의 사람이 풀어놓은 이야기의 중심은 호객꾼이 보여준 무례와 불쾌함이었다. 삐끼가 기차역이나 구불구불한 골목에서 기다렸다 캐리어를 낚아채고 돈을 요구하는 이야기였다. 그렇다면 강탈이나 다름없지 않나?

공포는 일부 사실에 거대한 상상이 더해져 힘을 키운다. 겁이 났고, 소문이 무성한 미지의 세계에 혼자 들어갈 배짱이 없었다. 한 인터넷 여행 카페에서 동행을 구했다. 둘이라면 의지가 될 것 같았기 때문이다. 하지만 동행 역시 일면식도 없는 낯선 사람이었다. 일어나지 않은 가상의 사건과 사고를 설정하고, 낯선 곳에서 생판 남과 2주 동안 같은 방을 쓰면서 24시간을 함께 보내기로 했다. 아이러니한 선택이었다. 안전을 위한 안전장치(?)가 오히려 출발 전에 불안의 싹을 더 키웠다. 어떤 가치관과 취향을 가진 사람인지 모르는 터라 내 경계심은 무럭무럭 자랐다. 불안과 의심 속에서 허우적거리고 있을 때 출발 날짜가 다가왔고, 동행과 인천공항에서 만났다. 서로 조심하고 낯선 곳에서 의지할 사람이니 믿기로 했고, 믿어야 했다.

시간을 아끼려고 도시 간 이동은 주로 오후에 했다. 저녁에 기차나 버스를 타서 낯선 도시에 도착하면 어두운 밤이었다. 모로코는 버스나 다른 대중교통이 발달하지 않아서 기차역에서 시내 호텔까지 대부분 택시를 타야 했다. 어둠에 싸인 기차역에서 삐끼를 만나는 일은 드물었다. 낮에 도착하면 삐끼가 말을 걸어오긴 했지만, 상상했던 것처럼 험악하지도 않고 위험하지도 않았다. 호객행위를 하는 사람들은 대부분 청년이었다. 그들을 만난 후 오히려 그들의 일상을 이해하게 되었다. 호객꾼을 다른 관점으로 보게 되었다. 모로코는 농업이 주요 산업이라 청년들이 일할 만한 곳이 별로 없었다. 교육 수준이 높지 않았고, 청년들은 학교 대신 거리에서 많은 시간을 보냈다. 낮에 골목에서 시간을 보내면서 마주치는 여행자에게 그들만의 방식으로 서비스를 제공했다. 이들은 택시가 들어갈 수 없는 좁고 구불구불한 미로에서 내 캐리어를 대신 끌어주고, 길을 안내해주었다. 자신의 서비스에 대해 원하는 가격은 고작 1, 2유로였다. 처음에는 터무니없는 액수를 요구했지만, 거리를 가늠하고 합당한 가격을 제시하면 흥정이 성사되었다. 무턱대고 돈을 요구하거나 돈을 강탈하는 사람은 못 만났다. 항상 잔돈을 준비한 사람이 나였지만 말이다. 지폐를 내도 거스름돈을 못 받았다는 이야기가 많이 돌았다. 이성적으로 생각하면 골목길 안내 서비스는 공식적 일자리가 아니었다. 이들이 언제 만날지도 모르는 고객을 위해 거스름돈까지 챙기고 다니진 않았다. 어쩌면 당연했다. 나는 골목에서 시간을 보내는 청년들의 서비스(?) 덕분에 편한 여행을 했다.

모로코에 막상 가서 내가 부딪친 곤경은 흥정 문화였다. 나는 정찰제에 익숙한 사회에서 살고 있다. 정찰제의 사전적 정의는 '물건을 에누리 없이 정당한 값에 파는 제도'이다. '정당한 값'이란 무엇일까? 시장 경제에서 공급과 수요의 법칙에 따라 가격이 정해진다고 배웠다. 하지만 공장에서 완성품이 나왔을 때 가격을 정하는 일에 소비자들이 참여하지 않는다. 상품 출시 가격은 공급자가 일방적으로 정하고, 우리는 이를 정찰제라고 부른다. 소비자의 의견 개입이 배제된 채, 공급자가 상품을 만드는 데 드는 비용과 수익금을 일방적으로 책정해서 소비자에게 통보하는 방식이 정찰제가 아닐까, 하는 생각이 들었다.

나는 흥정 문화를 불필요한 수고라고 생각했다. 똑같은 물건인데 파는 사람 마음에 따라 가격이 고무줄처럼 늘었다 줄었다 할 경우에 기준을 어떻게 잡아야 할지 몰랐다. 동행은 흥정을 즐기며 자신만의 '흥정관'을 피력했다. 흥정은 현지인을 접하는 기회이고, 흥정 상황을 즐기면 된다고 말했다. 상인이 내가 제시한 가격을 받아들이면 물건을 사고, 받아들이지 않으면 안사면 된다. 이렇게 간단한 논리였다. 동행은 흥정이 성사되지 않아도 재미있는 경험으로 남을 텐데 뭐가 피곤한지, 내게 반문

했다. 이럴 수가!

나는 흥정을 꼼수라고 생각했다. 정가보다 몇 배 더 높은 가격을 부르는 걸 부도덕하고 비양심적으로 보았다. 정찰제에 익숙해서 물건 가격에 대한 감각 기르기를 포기하고 모로코의 생생한 현지 문화인 흥정을 피곤한 것으로 단정했다. 하지만 로마에 가면 로마의 법을 따라야 하는 법이다.

길이 네모반듯해서 도로 체계가 한눈에 들어오고 교통 시스템이 편한 계획도시가 있다. 이런 도시에서는 처음 방문한 사람도 한 번에 목적지에 찾아갈 수 있다. 계획도시에서는 현지인에게 의존할 필요가 없고, 사람이 별로 고마운 존재가 아니다. 여행 인프라가 부실한 도시일수록 사람에게 기댈 수밖에 없고, 여행에서 돌아온 후에 인상적 기억은 사람과 닿아있다. 모로코 여행에서 의심과 불신은 내 고정관념을 먹고 자라는 것을 깨달았다.

　모로코 구시가인 메디나 골목은 즉흥성을 그대로 반영하는 미로이다. 골목을 돌면 막다른 골목이라 방황은 필연이다. 과거 모로코 왕국의 수도로 번영을 누렸던 페즈의 메디나와 재래시장인 수크 골목을 헤매면서 불안과 경계심 게이지가 내려갔다. 내가 아는 방식과는 다른 방식으로 살아가는 사람들을 만났다. 모로코 여행 전에 끼웠던 필터를 통해 이슬람을 덩어리로 바라보려고 했다. 누구나 고유한 삶과 이야기를 간직하고 있다는 사실을 잊었다. 모로코 여행은 내가 알고 있는 삶의 방식이 절대적이지도 않고, 꼭 옳은 것만은 아니라고 알려주었다. 이렇게 여행을 통해 나는 겪고, 보고, 한 뼘 자란다.

세비야에서
귀족이 되는 법

어느 해 여름, 트레킹 안내자를 따라 관악산 둘레길에 간 적이 있다. 둘레길을 걷다 점심 무렵 소나무 숲 그늘에 돗자리를 펴고 점심으로 챙겨간 김밥과 과일을 먹었다. 길 안내자가 바로 출발하지 않겠다고 알렸다. 피톤치드도 마시고, 더위도 식힐 겸 아름다운 숲 그늘에 30분 정도 누워있다 출발할 거라고 말했다. 일행은 환호하면서 자연스럽게 누웠다.

'응? 눕는다고? 여기서?' 갑자기 와이파이 신호가 약해져 버퍼링이 걸린 것처럼 상황을 파악하느라 버벅거렸다. 일행 모두 소나무 숲 아래 누운 걸 본 후에 따라 누웠다. 흙 위에 떨어진 나뭇가지들로 바닥은 우툴두툴했다. 흙 알갱이와 작은 돌조각이 깔린 바닥이 등에 그대로 전해졌다. 햇빛을 받아 윤기 나는 소나무 이파리 사이로 하늘이 보였다. 고르지 않은 바닥이 등에 닿는 촉감이 낯설었다. 나는 어색해서 다시 일어나서 앉았다. 바닥이 불편해서만은 아니었다. 사방이 뚫린 공공장소에서 등을 대고 누워 두 다리를 뻗자, 힘센 상대에게 항복할 때 등을 대고 누워 배를 보이는 강아지가 된 기분이었다. 여러 사람이 지나다니는(사람이 다니는 길목이 아니라 통행로 옆에 쉼터 공간이었지만) 공공장소에 눕자 내 약점을 드러내는 것만 같았다. 편하게 등을 대고 누운 일행 틈에 어색하게 혼자 앉아 있었다.

나에게 눕는 자세는 매우 은밀한(?) 행위로 입력된 걸 발견했다. 아플 때 같은 특별한 이유를 제외하고 아무 데서나 눕지 않기로 되어 있다. 방 침대나 거실 소파에서만 눕기로 되어 있다. 이는 어릴 때부터 주입된 사회적 약속이다. 이따금 공원 벤치나 길바닥에 누워있는 사람을 보지만, 대부분 나름대로(!) 사정이 있다. 자신이 누구인지 모를 정도로 술에 취한 사람이거나, 몸을 눕힐 자신만의 공간이 없는 사람이거나. 나는 술에 취하지도 않았고 누울 공간도 있는 사람이니까…. 나는 뼛속까지 사회적 약속에 길들어 있었다. 이 암묵적 약속을 어겨도 좋다고 생각한 적이 있다.

스페인 남부지방 세비야에 갔을 때였다. 1900년대 초에 박람회를 개최했던 장소인 스페인 광장이 있다. 세비야에 가면 한 번은 다 가 보는 곳이다. 광장 한쪽에 색색의 타일로 장식한 아치 모양의 건축물이 있다. 원래 박람회를 위해 지어졌고, 사람이 살았던 건물이 아니다. 사람이 실제로 사용하는 공간감이 없고, 부조처럼 지붕이 있고 지붕 아래 한쪽만 벽이 있다. 원형 경기장처럼 계단을 올라가면 앞에 펼쳐진 광장을 한눈에 볼 수 있는 트인 공간이다. 닫혀있으면서도 열려있는 건축물이다. 이 넓은 공간을 거의 백 년 동안이나 휴식 공간으로 남겨둔 스페인 사람들의 후한 인심에 존경심을 보내며, 광장을 천천히 한 바퀴 돌았다.

여행자에게 이 광장은 사막의 오아시스 같았다. 지붕이 한낮의 이글거리는 햇빛을 피할 수 있는 그늘을 만들어 주었다. 광장과 그늘의 온도 차이를 피부로 느끼며 천천히 걷다가 사람들이 눈에 들어왔다. 타일 벤치에 편하게 누워있는 사람, 신발은 물론이고 양말까지 벗고 앉아서 책을 읽는 사람, 머리를 맞대고 지도를 보며 상의하는 커플 등등. 초겨울이었지만, 따사로운 햇빛 샤워를 즐기며 잠시 멈춰 시간을 보내는 사람들에게서 자유의 빛줄기가 보였다.

햇볕을 오롯이 받는 벤치에 등을 대고 자기 침대처럼 편안하게 누운 사람을 보고 일탈이란 말이 떠오르며 쾌감을 느꼈다. 주인 없는 벤치에 눕는다고 해서 아무도 이상하게 보지 않고, 해도 끼치지 않는다. 역사를 거슬러 올라가면 아무 데서나 누울 수 있는 자유를 가진 사람은 '힘 있는 자'였다. 고대 로마 시대물을 보면 귀족들은 반쯤 모로 누워있다. 로마 시대 귀족은 손님을 맞이할 때도, 일할 때도 누워서 했다. 앉아 있거나 서 있는 사람은 노예 계급이었다. 실용주의가 탄생하면서 근면을 강조하고, 잠잘 때 외에 누워있는 것을 게으름으로 낙인찍어 금기시했다. 우리는 쉬지 않고 일하도록 세뇌당했다. 어린 시절 읽은 전래 동화 중 눕기를 금기시하는 이야기를 아직도 기억한다. 한 어린이가 밥 먹은 직후 누워있다 잠들어 꿈을 꾸었다. 꿈속에서 소가 되어 고단하게 일했다. 꿈에서 깬 아이는 놀라서 아무 때나 눕지 않을 결심을 하며 끝나는 이야기였다. 아이의 놀람에 나도 몰입해서 누웠다 소가 되면 어쩌지, 한동안 걱정했다. 누울 때마다 이 이야기가 떠올랐다. 이때 눕기에 대한 부정적 개념을 학습한 걸까? 집에서 내 디폴트 자세는 눕기일 정도로 눕기를 좋아하지만, 종일 누워있는 날이면 자괴감으로 괴롭다. 하루를 허비한 것에 대한 자책, 내 게으른 본성에 대한 반성이 세트로 찾아온다. 다음날 열심히 살겠다고, 굳

은 결심을 하곤 한다. 소처럼 살지 않으려고 소처럼 살겠다는 결심을 해
버리는 모순을 저지른다.

　관점을 조금 바꾸면 세상이 달라 보인다. 늙는 게 뭐 어때서! 나를 설
득한다.
　우리는 관계의 그물망, 사회적 약속의 그물망에 갇혀있다. 여행은 틈도
안 보일 정도로 얼기설기 얽힌 그물망에서 벗어나는 일탈이다. 방 안의

침대나 거실 소파에서만 눕는 게 아니라 숲속 그늘이나 공원 벤치에도 누울 수 있다. 사회적 약속에 절대복종하는 노예(?) 신분에서 벗어나면 귀족 놀이를 즐길 수 있다. 사방이 뚫려있는 공공장소에 누워 하늘을 보고, 눈을 감고 볼에 스치는 바람이 내는 소리에 귀 기울이고, 바람의 결을 느낄 수 있는 시간을 보낼 줄 아는 사람이 귀족이 아닐까? 가던 발길을 잠시 멈추고 햇살을 즐기기 위해 눕는 게 게으름일까? 하루쯤 아무 일도 안 하고, 먹고, 누워서 천장 보고 멍하게 빈둥댄다고 게으름뱅이일까? 그냥 누우면 될 것을, 눕는 데도 은근히 용기를 내라고 말하는 나를 들여다본다.

다음에 세비야에 가면 스페인 광장에 누워서 햇빛 샤워를 즐길 것이다. 나를 에워싼 그물을 찢고 나가서 '가진 자'가 될 것이다. 아니, 먼 미래로 미루지 말고 집 앞 공원에라도 나가 얼른 '가진 자'가 되어야겠다.

epilogue
어쨌든 여행은
계속되어야 한다

　책을 퇴고하던 중에 얕은 턱에 걸려 넘어져 왼쪽 발목 인대가 끊어졌다. 깁스를 하고 휠체어에 앉아 생활했다. 휠체어에 앉으니 눈높이가 달라졌다. 두 발로 걸을 때는 안 보이던 것들이 보였다. 거실 바닥에 눌러앉은 먼지와 가구 중간에 난 손자국, 벽 아래 모서리마다 자리 잡은 생활 때의 흔적이 눈에 들어왔다. 샤워하고, 밥 먹고, 물 마시는, 생각할 필요 없는 단순하고 반복적인 일조차 도전이었다. 왼발을 사용하지 못하자 멈춰서 먼저 생각해야 했다. 불편함과 마주할 때마다 안 쓰던 감각을 끌어내 의존해야 했다.

　깁스를 풀었더니 발목은 깁스 각도에 맞춰 딱딱하게 굳어있었다. 바닥에 발을 딛자 뼈와 인대 하나하나가 존재감을 알리며 비명을 질렀다. 고작 3주 만에 근육이 빠져버려 발목에 체중을 싣자 발목이 흔들거렸고, 찌릿한 통증이 종아리까지 올라왔다. 단단한 석고에 싸여 보호받던 발이 보내는 신호였다. 걸으려면 의식적으로 발뒤꿈치로 바닥을 힘껏 밀어 앞으로 들어 올려야 했다. 이때 동원되는 모든 근육을 머리로 관찰하고, 필요한 감각에 집중해야 했다. 다치기 전에는 반사적으로 했던 동작이었고, 주의를 기울일 필요가 없는 동작이었다.

　여행자가 되는 것은 단단한 깁스를 풀고 약해진 발 근육을 골고루 써서 걷는

법을 다시 배우는 것과 같다. 낯선 장소와 상황에 나를 던지고, 외면했던 마음
근육이 꿈틀거리는 것을 지켜보는 것이다. 사각지대에 가두었던 감정이 스멀스
멀 올라와 처음에는 마음에 안 들고 불편하다. 목적지에 찾아가고, 밥 먹는 일조
차 집중과 용기가 필요한 도전이다. 하루하루 적응하느라 고단할 때도 많다. 불
편한 상황을 마주하면 여행 전에는 몰랐던 감정이 쏟아져 나온다. 당황, 혼란,
나약함, 불안, 두려움, 허영, 질투, 짜증 등 부정적 감정이 불쑥불쑥 튀어나온다.
처음에는 뒤죽박죽된 상황에서 혼란스럽지만, 이 모든 감정이 필요한 감정이고,
무엇보다 내 안에 사는 감정이라는 것을 서서히 인정하게 된다. 이제 부정적 감
정을 다듬는 근육을 쓰는 일이 기다리고 있다.

비바람이 불어도, 불편해도, 마음에 안 들어도, 짜증 내지 않고 그 자체로 받
아들이려고 애쓴다. 여행을 망치고 싶지 않아서 의식적으로 긍정 감정 근육을
불러온다. 여행을 떠나보지 않으면 하찮지만 중요한 감정들을 놓치고 살게 된
다. 깁스를 풀던 날 가장 기뻤던 일은, 방에서 주방에 있는 정수기까지 내 두 발
로 걸어간 것이었다. 다치지 않았다면 당연하고 하찮아서 몰랐을 기쁨이었다.
여행을 통해 반사적으로 했던 반복적 일에서 뜻밖의 짜릿함을 얻는 기술을 배
우게 된다.

첫 자유여행에서는 떠나는 것 자체만으로 오만 볼트짜리 자극이다. 떠나는 횟
수가 쌓일수록 자극의 강도는 줄어들지만, 여전히 여행은 보지 못했던 것에 마
음을 쏟게 되는 자극이다. 작은 도시의 낯선 골목에서 헤맬 때, 나는 열정 만수
르가 된다. 작은 도시에서는 버스나 전철을 타지 않고 두 발로 걸어 다닐 수 있
다. 지도 따위는 무시해도 괜찮다. 발에 물집이 잡힐 정도로 골목을 탐험한다.
골목 곳곳에 켜켜이 숨겨진 사람들의 이야기를 찾아 기웃거린다. 가게에, 작은
마트에, 평범한 집에, 세월을 품은 벽에, 굳게 닫힌 대문 너머에, 사람들의 진짜
이야기가 숨 쉬고 있다.

밀도 높은 관계 그물에서 썼던 가면을 벗고 진짜 나에게 다가갈 행운이 깃들

기를 바라며 걷고 또 걷는다. 막다른 골목에 이르러도 헤맬 만큼 헤매고 나면 아는 길이 다시 나타난다. 이리저리 헤맨 후 눈에 익은 길 위에 서 있는 나를 발견한다. 걷다 밥 먹고, 차 마시고, 맥주 한 잔 마시고, 멍하게 시간을 보낸다. 이런 일상적 행위에 나를 맡길 때 나는 비로소 진정한 여행자가 된다. 초췌하고, 쓸쓸하면서도 충만하고, 정체를 알 수 없어 말로 하기 힘든 여러 가지 감정이 튀어나와 맥주 한 모금과 함께 벅찬 감정을 꿀꺽 삼킨다. 헤매다 보면 사람도 만나고, 예상치 못한 이야기도 만나고, 내 마음도 만난다. 의식적으로 길을 잃고 헤맸던 시간이 마음 한구석에 자리 잡고 있다. 필요할 때마다 언제든 기억의 들판을 떠돌고, 닫혔던 추억을 문을 두드린다. 모아두었던 시간을 야금야금 꺼내 여행자의 너그러움을 일상으로 가져오곤 한다.

다른 나라로 가기 위해 일 년에 두어 번 비행기에 올랐다. 그것은 단단해진 마음 깁스를 푸는 일이었다. 두려움을 마주하고 말랑한 심장과 유연한 생각을 찾아 나섰다. 여행을 통해 원하는 길을 찾아 뚜벅뚜벅 걸을 수 있는 근육이 생겼다. 졸업 후 전공과는 다른 일로 밥벌이를 했고, 꿈을 버리지 못해 뒤늦게 밥벌이와 관련 없는 공부를 했다. 다른 사람들은 어떻게 사는지 궁금해서 사람들 이야기를 채집하는 독립잡지를 만들었고, 이제 여행과 글쓰기로 덕업일치라는 여행길에 올랐다. 이 여행이 언제까지 계속될지, 목적지가 어딘지 모른다.

여행자로 살았던 시간이 모여 내게 속삭인다. 우물쭈물하지 말고 일단 떠나서 흐르는 물살에 몸과 마음을 내맡기라고. 여행이 나에게 준 선물은 이 불확실한 시간을 즐길 수 있는 마음이다. 아는 것은 좋아하는 것만 못하고 좋아하는 것은 즐기는 것만 못하다, 고 했다. 때로는 지긋한 인내심이 필요하겠지만, 그럼에도 불구하고 목적지가 불분명한 여행은 꿈꾸는 시간이다. 이 특별한 여행을 통해 '지금, 여기'에 두 발로 꼿꼿하게 다시 설 수 있을 것이다. 여행이 계속되어야 하는 이유이다.